Helmut & Renate Grünert

# Pilze

## entdecken und erkennen

Herausgegeben von Gunter Steinbach

386 Farbfotos
14 Zeichnungen

Ulmer

# Inhalt

**Einführung**



**Aktiv**



**Serviceseiten**

# Das Reich der Pilze

**Jedermann geläufig und doch geheimnisvoll und verborgen – so präsentiert sich uns das Heer der Pilze. Neben den Pflanzen und Tieren stellen sie einen ganz eigenen Weg des Lebens dar.**

Heute zählen die Wissenschaftler die Pilze nicht mehr, wie früher üblich, zu den Pflanzen, sondern geben ihnen gleichrangig neben den Pflanzen und Tieren ein eigenes Reich.

Pilze verfügen über kein Blattgrün (Chlorophyll). Schon deshalb unterscheiden sie sich grundlegend von den Pflanzen und sind nicht wie diese in der Lage, mit Hilfe des Sonnenlichts aus den anorganischen Grundbausteinen Kohlendioxid und Wasser eigene organische Aufbaustoffe zu produzieren. Das macht sie wie die Tiere abhängig von anderen Organismen, deren Stoffe ihnen als Nahrung dienen. Pilze kommen jedoch ohne eigene Verdauungsorgane aus. Zu den Tieren gehören die Pilze deshalb genau so wenig, zu unterschiedlich sind Lebensweise, Ernährung, Vermehrung und Entwicklung. Pilze erschließen die organischen Substanzen ihrer Nahrung außerhalb ihres unterirdischen Fadengeflechts (kl. Bild) mit Enzymen und nehmen die bis auf Molekülgröße zerlegten Bestandteile dann über ihre Oberfläche auf.

## Kinder des Waldes

Besonders der Wald mit seinem hohen Anteil an organischen Stoffen, etwa abgestorbenen Pflanzen und Totholz, der Streuschicht aus abgefallenen Blättern, Nadeln und anderen organischen Resten, dem lockeren Humus, der von lebenden und abgestorbenen Wurzeln durchzogen wird, bildet den bevorzugten Lebensraum der Pilze.

## Die zwei Gesichter eines Pilzes

Ein Pilzorganismus besteht vor allem aus mikroskopisch kleinen Zellen, die sich zu dünnen Fäden aneinanderreihen. Diese fadenförmigen, meist weiß erscheinenden Zellverbände werden **Hyphen** genannt. Sie wachsen zu einem komplexen Geflecht heran, dem sogenannten **Myzel**. Die Zellwände der Großpilze werden hauptsächlich aus Chitin gebildet. Chitin ist ein Baustoff der festen Körperhülle von Insekten, aber keine Baustoff der grünen Pflanzen.

Was wir hingegen in Wald und Flur landläufig als „Pilze“ bezeichnen, sind lediglich die Fruchtkörper einer speziellen Pilzgruppe mit weltweit einigen tausend

**Das Myzel ist ein weißes, fädiges Geflecht.**

Der Große Bluthelmling *(Mycena haematopus)* wächst auf am Boden liegenden Laubholzästen. (Weitere Helmlinge ⇨ Seite 90).

Arten. Diese Großpilze – so nennt man sie, weil sie gut sichtbar sind – werden von ihren unterirdisch wachsenden Pilzgeflechten ausgebildet. Ausreichende Niederschläge und geeignete Temperaturen begünstigen ihr Wachstum.

Die Fruchtkörper dienen der geschlechtlichen Fortpflanzung der Pilze und zeigen einen enormen Formenreichtum. Flotte Hüte, die jedem Hutmacher Modell stehen könnten, bizarre Korallen oder auch die Phantasie anregende Morcheln – welch kunstvolles, breites Repertoire bietet Mutter Natur hier dar!

## Nützliche und schädliche Pilze

Wir Menschen neigen dazu, die Dinge danach zu beurteilen, ob sie für uns nützlich oder schädlich sind. Auch in dieser Hinsicht bieten die Pilze ein überaus breites Spektrum. Etliche Großpilze sind kulinarische Köstlichkeiten, andere wiederum erweisen sich als tödlich giftig.

Neben den in diesem Buch behandelten Großpilzen gibt es unzählige Mikropilze, darunter viele, auf die wir sicherlich nur ungern verzichten würden. Man denke hier nur an den Antibiotika erzeugenden Pinselschimmel oder den Blauschimmel in Käse oder an die Hefepilze, ohne die ein Aufgehen des Brotes oder die Bierherstellung nicht möglich wären.

Daneben gibt es allerdings auch nicht wenige Mikropilze, die Krankheiten an Mensch, Tier oder Pflanzen verursachen. Die einen verderben das Getreide oder lassen Kartoffeln verfaulen, andere wie die Rost- und Mehltaupilze schädigen Pflanzen.

# Keine Kost wird verschmäht

**Es gibt kaum ein totes organisches Material, das nicht über kurz oder lang von dem Myzel einer Pilzart durchzogen und abgebaut wird. Häufig bilden Pilze aber auch eine Lebensgemeinschaft mit Pflanzen zum gegenseitigen Nutzen.**

Ohne Übertreibung lässt sich sagen: Pilze sind in der Natur überall. Ohne sie würde unsere Welt in hohem Maße anders aussehen. Voller Biomüll zum Beispiel, und mit weniger Bäumen. Das Heer der Pilze sorgt dafür, dass unsere Ökosysteme funktionieren und alles im Gleichgewicht bleibt.

## Die perfekte biologische Abfallverwertung

Pilze erfüllen im Haushalt der Natur eine sehr wichtige Rolle als unverzichtbare Zersetzer. Sie beteiligen sich maßgeblich am Ab- und Umbau toter und lebender Organismen. In keiner Klimazone der Erde gibt es Wälder ohne Pilze, denn sie sind die einzigen vielzelligen Organismen, die totes Holz abbauen können. Selbst im Verdauungstrakt der Holzwürmer erfüllen sie diesen Dienst. Wälder müssten ohne das für uns großenteils unsichtbare Heer pilzlicher Zersetzer an ihrer eigenen Biomasse ersticken.

## Vom Fäulnisbewohner bis zum Fallensteller

Die Fäulnisbewohner, auch Saprophyten genannt, gehören zu den boden- und holzbewohnenden Pilzarten. Unter ihnen gibt es einige Spezialisten, die ausschließlich auf bestimmten Nährböden wie beispielsweise Fichtennadeln, Buchenblättern, Vogelfedern, Schmetterlingspuppen oder Misthaufen vorkommen.

Die parasitischen Pilze hingegen führen uns eine ganz andere Lebensweise vor Augen. Sie ernähren sich von lebenden Organismen, die dadurch geschädigt oder sogar zum Absterben gebracht werden, wie beispielsweise Fichten durch den Wurzelschwamm.

Am ungewöhnlichsten jedoch ist die Gruppe der tierfangenden Pilze. Hier werden z. B. Fadenwürmer auf raffinierteste Weise gefangen. Zu den ausgeklügelten Hilfsmitteln gehören verschiedene Fallenmechanismen, wie klebrige Knoten oder sogar Schlingen, die sich bei Kontakt aufblähen und das Würmchen so festklemmen. Pilzfäden durchdringen die Tiere dann nach ihrem Absterben und verwerten sie.

**Fichtensteinpilz – Mykorrizapartner der Fichte.**

Mykorrhiza eines Ockertäublings *Russula ochroleuca* (⇨ Seite 140).

## Zauberwort Mykorrhiza

Für das Ökosystem des Waldes sind die sogenannten Mykorrhizapilze unverzichtbare Partner. *Mykorrhiza* kommt aus dem Griechischen und bedeutet soviel wie „Pilzwurzel". Man versteht darunter eine enge Verflechtung von Pilzfäden mit den Feinwurzeln von Bäumen und anderen Pflanzen. Diese Lebensgemeinschaft ist für beide Partner von Vorteil, sie beruht auf einem gegenseitigen Geben und Nehmen. In der Biologie wird solch ein Zusammenwirken Symbiose genannt. Die Pilze werden von den Pflanzen mit energiereichen Kohlenhydraten wie Zucker versorgt. Im Gegenzug übernehmen die Myzelien die Funktion der feinen Wurzelhärchen und liefern Wasser und Mineralstoffe an ihren Symbiosepartner ab. Zahlreiche Speise- und Giftpilze leben in solcher Abhängigkeit, beispielsweise Steinpilze und Knollenblätterpilze, Haarschleierlinge, Täublinge und Milchlinge. Dabei halten sich viele von ihnen entweder nur an Nadel- oder nur an Laubbäume, kommen also entweder nur in Laub- oder nur in Nadelwäldern vor. Andere Arten wiederum haben lediglich einen ganz bestimmten Lebenspartner. So ist beispielsweise die Espenrotkappe ausschließlich unter Espen und der Goldröhrling einzig unter Lärchen zu finden. Umgekehrt ist es gar nicht so selten, dass Bäume mit mehreren verschiedenen Pilzarten zusammenleben. Welche das sind, hängt unter anderem auch vom Boden ab, ob er beispielsweise kalkhaltig, neutral oder sauer ist.

Bei den Artbeschreibungen der Pilze finden Sie in diesem Buch stets deren jeweilige Mykorrhizapartner mit angegeben. Schließlich kann die Kenntnis darüber eine wichtige Hilfe darstellen bei der Identifizierung eines Pilzes.

# Pilze richtig bestimmen

**Pilzsammler begegnen in der Natur immer wieder unbekannten Arten. Mit manch stattlichem und appetitlich aussehendem Exemplar würden sie am liebsten ein Pilzgericht bereichern. Wäre da nicht die berechtigte Angst vor einer Pilzvergiftung.**

## Erfolgreiche Pilzbestimmung

Sicherlich wird der Speisepilzsammler seine Pilzfunde meist nach dem äußeren Erscheinungsbild versuchen einzuordnen. Für eine zuverlässige Bestimmung ist es unbedingt erforderlich, nicht nur die Bilder und Zeichnungen genau anzusehen, sondern auch die Texte und Beschreibungen gewissenhaft zu lesen und alle Merkmale mit den gesammelten Exemplaren zu vergleichen. Erst wenn man diese Merkmale weitgehend an den Fundstücken wiedererkannt hat, kann man sich seiner Bestimmung sicher sein. Manchmal bleiben aber auch Zweifel, und immer wieder kommt es vor, dass nicht nur der Anfänger bei der Bestimmungsarbeit kapituliert. Oft weichen eben Pilze erheblich von ihrem als typisch beschriebenen Erscheinungsbild ab. Dieses kann je nach Standort, Alter und Witterung unterschiedlich sein.

Ohne gewisse Gruppen- und Gattungskenntnisse (⇨ S. 10–13) lassen sich Fundstücke nicht zuordnen. Es ist ein großer Erfolg, wenn man einen Ritterling *Tricholoma* (⇨ S. 76-81) als solchen erkennt oder einen Scheidenstreifling (⇨ S. 100) den Knollenblätterpilzen *Amanita* zuordnen kann. Letztendlich erlangt man Sicherheit, indem man sich mit anderen Pilzfreunden austauscht und seine bestimmten Funde immer wieder von einem versierten Pilzkenner oder Pilzsachverständigen bestätigen lässt.

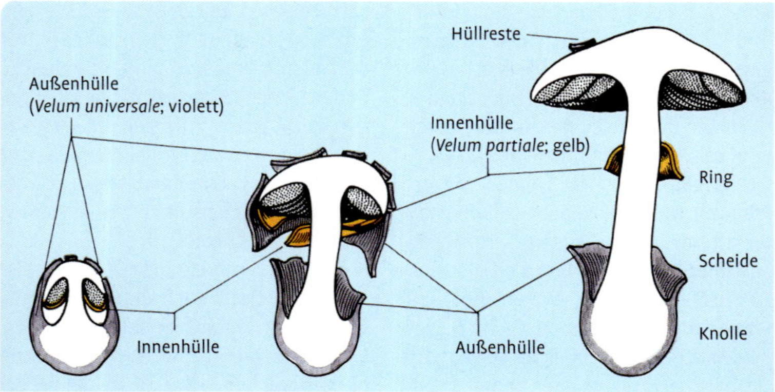


**Entstehung von Scheide, Ring und Hüllresten.**

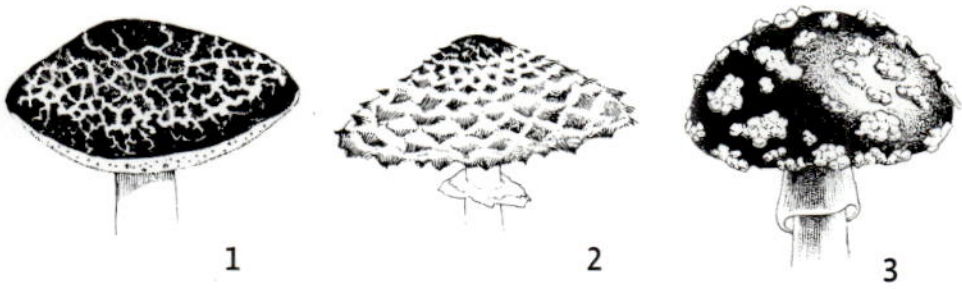


Huthaut:
1 felderig aufgesprungen,
2 faserschuppig,
3 mit Warzen oder Hüllresten behaftet

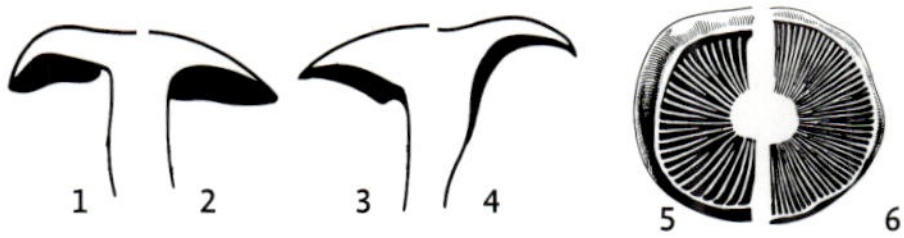


Lamellen:
1 frei, 2 angewachsen,
3 ausgebuchtet,
4 herablaufend,
5 weit stehend, mit kürzeren Zwischenlamellen untermischt, 6 eng stehend

## Wichtige Merkmale

- Wie ist der Pilz **gegliedert** (Hut und Stiel oder anders)?
- Welche Farbe und Beschaffenheit hat der **Hut**?
- Wie sieht die **Fruchtschicht** aus? Die Fruchtschicht, z. B. aus Röhren, Stacheln oder Lamellen bestehend, gibt Auskunft über die Zugehörigkeit zu einer Pilzgruppe. Bei Hutpilzen befindet sie sich auf der Unterseite.
- Wie ist die Farbe der **Lamellen**? (Bei vielen Pilzen hilft auch die Sporenpulverfarbe bei der Bestimmung.)
- Sind die **Lamellen** (am Stiel) angewachsen? Sind sie eng- oder weitstehend?
- Ist der **Stiel** glatt oder besitzt er einen häutigen Ring oder nur eine faserige Ringzone?
- Ist die **Stielbasis** knollig und/oder von einer Scheide umgeben?
- Wie **riecht** der Pilz?
- Welche **Farbe** hat das **Fleisch**?

## Natur-Tipp

### Unbekannte Pilze sammeln

1. *Nehmen Sie nur einige junge und gut entwickelte Exemplare mit, keinen ganzen Korb voll! Alte und angefaulte Pilze immer stehen lassen.*
2. *Schneiden Sie die Pilze nicht ab, sondern entnehmen Sie den vollständigen Fruchtkörper.*
3. *Behandeln Sie die Pilze vorsichtig, unnötiges Anfassen vermeiden. Wichtige Merkmale können sonst unkenntlich werden.*
4. *Machen Sie sich Notizen über Standort, Waldart und Baumarten, das kann beim späteren Bestimmen entscheidend sein.*
5. *Sammeln Sie unbekannte Pilze von Speisepilzen immer getrennt, am besten in einem Gefäß oder in Alufolie vorsichtig einwickeln.*

# Unsere Pilze im Überblick

**Mit einer schier unermesslichen Vielfalt an Formen und Farben bereichern die Pilze Wald und Flur. Oft sehen sich zwei völlig unterschiedliche Arten auf den ersten Blick erstaunlich ähnlich. Andererseits kann ein und dieselbe Art je nach Standort, Alter und Witterung in der aktuellen Pilzsaison verschiedene Erscheinungsbilder haben. Wer die Bestimmung nur oberflächlich macht, läuft Gefahr, sich eine Pilzvergiftung einzuhandeln. Da tut ein gewisser Überblick not, um sich beim Kennenlernen dieser faszinierenden Organismen nicht in der Fülle der Arten zu verlieren. Die folgenden Seiten helfen Ihnen, Ihren Fund zunächst einer bestimmten Pilzgruppe zuzuordnen. Farbfeld und Seitenangabe zeigen dann, in welchem Teil des Buchs Sie die entsprechenden Artbeschreibungen dieser Gruppe finden.**

## Röhrlinge

Die über 100 in Europa bekannten Röhrlinge, in der Fachsprache *Boletales* genannt, gehören zu den Ständerpilzen und werden in etwa 20 Gattungen zusammengefasst. Sämtliche Röhrlinge sind Mykorrhizapilze, einige von ihnen streng an eine bestimmte Baumart gebunden, so etwa der Birkenpilz (⇨ S. 42) eben an die Birke.
Röhrlinge sind an ihrer schwammartig ausgebildeten Fruchtschicht auf der Hutunterseite erkennbar. Diese setzt sich aus vielen einzelnen, dicht stehenden Röhrchen zusammen. Die sporentragenden Fortpflanzungsorgane sitzen auf den Innenflächen dieser Röhrchen. Beim jungen Pilz sind die Röhren noch sehr eng, mit zunehmender Reife öffnen sie sich, und ihre Mündungen (Poren) erscheinen weit, rundlich bis eckig. Je nach Art können die Poren anders gefärbt sein als die Röhren selbst, sei es weiß, gelb bis grünlich, rosa, rot oder bräunlich.

Seite 22–47

## Lamellenartige, Leistlinge und Stachelpilze

Alle diese Pilze – viele davon sind Mykorrhizapilze – gehören zu den Ständerpilzen. Auf ihrer Hutunterseite weisen sie eine lamellen- oder leistenartige, bei manchen fast glatte, bei anderen aber auch stachelig ausgebildete Fruchtschicht auf. Diese damit doch recht unterschiedlichen Arten wurden aus praktischen Gründen hier zusammengefasst. Streng wissenschaftlich gesehen zählt beispielsweise der Kahle Krempling (⇨ S. 48), obwohl mit einer lamellenartigen Fruchtschicht ausgestattet, zu den Röhrlingen, hingegen der Ohrförmige Seitling (⇨ S. 56) zu den Lamellenpilzen. Der Keulenpfifferling sowie sämtliche Pfifferlinge mit leistenartiger Fruchtschicht (⇨ S. 58–60) zählen ebenso wie die Stachelpilze zu den **Nichtblätterpilzen** *Aphyllophorales* (weitere dieser Gruppe ⇨ S. 156).

Seite 48–63

## Lamellen- oder Blätterpilze

In Europa kennt man über 4000 Lamellen- oder Blätterpilze. Die Wissenschaftler nennen sie *Agaricales* und unterteilen sie in etwa 11 Familien mit 139 Gattungen, darunter zahlreiche Mykorrhizapilze, Streuzersetzer und auch Parasiten. Pilze dieser Gruppe sind in der Regel an ihrer lamellen- oder blätterartig ausgebildeten Fruchtschicht auf der Hutunterseite erkennbar. Dreht man einen Fruchtkörper um, so sieht man zuerst die Schneiden der strahlenförmig um den Stiel herum angeordneten Lamellen. Die Sporenträger sitzen auf den Seitenflächen der Lamellen, die Schneiden selbst sind meist steril. Blätterpilze bauen sich aus länglichen Zellen auf, was sich an den typischerweise faserigen Bruchstellen ihrer Stiele gut erkennen lässt. Neben weiteren Merkmalen werden die Lamellenfarbe und die Sporenpulverfarbe zur Klassifizierung herangezogen. Die Sporenpulverfarbe ist aber nicht immer identisch mit der Lamellenfarbe. Deshalb wird zum sicheren Bestimmen die Lamellenfarbe an noch nicht ausgereiften Fruchtkörpern beurteilt.

Seite 64–137

## Sprödblättler: Täublinge und Milchlinge

Die Täublinge und Milchlinge, wissenschaftlich *Russulales*, sind ausnahmslos Mykorrhizapilze. Zwar haben sie auf der Hutunterseite Lamellen, werden aber nicht zu den Lamellenpilzen gerechnet. Ihr Fruchtkörperaufbau ist immer brüchig, was durch den nicht länglichen, sondern eher kugeligen Bau ihrer Zellen bedingt ist. Die Lamellen sind meist dicklich und spröde. Das Fleisch schmeckt, je nach Art, sehr unterschiedlich, von mild bis äußerst scharf! Viele Arten lassen sich ohne Mikroskop nur schwer bestimmen.

Die **Täublinge**, zu den rund 200 kleine bis sehr große Arten zählen, können blass oder auch recht lebhaft gefärbt sein. Ihre Huthaut lässt sich meist leicht abziehen, die Lamellen sind am Stiel angewachsen. Das Sporenpulver ist weiß, cremefarben, ockergelb bis dottergelb. Das Fleisch ist weiß, rötend oder schwärzend und enthält keinen Milchsaft.

Die etwa 100 Arten der **Milchlinge** scheiden im Unterschied zu den Täublingen einen molkeartigen Saft aus, der weiß, orange oder rot gefärbt sein kann und sich beim Eintrocknen bisweilen verfärbt.

Seite 138–155

## Nichtblätterpilze und Gallertpilze

Die **Nichtblätterpilze,** *Aphyllophorales* genannt, gehören mit weit über 1000 Arten in zahlreichen Familien und Gattungen zu den Ständerpilzen. Ihre Fruchtkörper sind äußerst vielgestaltig. Sie können z. B. das Substrat flächig oder krustenförmig überziehen oder konsolenartig seitlich angesetzt sein. Andere haben trichter- oder hutförmige, einige deutlich gestielte, einfache, keulige oder auch mehrfach verzweigte, korallenartige Fruchtkörper. Die Fruchtschicht kann glattporig, stachelig, leisten- und manchmal sogar lamellenartig ausgebildet sein. Im Allgemeinen handelt es sich um Fäulnisbewohner. Einige Holz bewohnende Arten können Bäume schwächen, manche als Parasiten lebende Arten sie sogar zum Absterben bringen.

Die **Gallertpilze** *Heterobasidiomyceten* umfassen über 250 Arten. Sie unterscheiden sich von den Ständerpilzen im engeren Sinn durch gallertartige bis weichknorpelige Fruchtkörper sowie durch bestimmte Mikromerkmale wie längs- oder quergeteilte Basidien.

Seite 156–169

## Bauchpilze: Rutenpilze, Stäublinge, Erdsterne

Die **Bauchpilze** oder *Gasteromyceten* bilden mit über 200 europäischen Arten und einem außerordentlich vielgestaltigen Erscheinungsbild eine sehr uneinheitliche Gruppe innerhalb der Ständerpilze. Gemeinsames Merkmal ist die Ausbildung der Sporen im Innern der Fruchtkörper als gallertartige, schleimige oder pulverige Masse. Bei der Stinkmorchel und den Gitterlingen sorgen Insekten für die Verbreitung der klebrigen Masse. Bei den Stäublingen, Bovisten und Erdsternen öffnet sich die äußere Hülle bei der Reife oder zerfällt ganz, und die Sporen können durch den Wind fortgetragen werden. Die meisten Bauchpilze leben von toter organischer Substanz, bei wenigen Arten ist eine Mykorrhiza nachgewiesen. Sie wachsen oberirdisch oder unterirdisch.

Seite 170–173

## Schlauchpilze und Schleimpilze

Die **Schlauchpilze** oder *Ascomyceten* bilden eine eigene Klasse, mit über 2000 Arten allein in Europa. Ihre Fruchtkörper wachsen oberirdisch wie bei den Morcheln oder unterirdisch wie bei den Trüffeln. Viele lassen sich an den becherförmigen oder kammerartigen Fruchtkörpern erkennen. Im Gegensatz zu den Ständerpilzen bilden sie ihre Sporen innerhalb von Schläuchen, den Asci. Diese überziehen als Fruchtschicht die Innenseite der Becherlinge, die Außenseite der Morchel, Lorcheln und Holzkeulen. Bei den Trüffeln befinden sie sich im Innern der Knollen. Die meisten Arten leben als Streuzersetzer, manche parasitisch, wieder andere bilden eine Mykorrhiza.

Die **Schleimpilze**, *Myxomyceten* genannt, stellen mit weit über 500 Arten in ihrer Entwicklung und Erscheinung eine völlig andere Organismengruppe dar. Mit ihren schleimigen, oft kräftig gelb bis rot gefärbten Zellverbänden fallen sie dem Pilzsucher auf.

Seite 174–183

# Wichtige Fachbegriffe

**alpin** Vegetationsstufe oberhalb der klimatischen Waldgrenze mit natürlichen Zwergstrauch- und Rasengesellschaften, in Mitteleuropa in ca. 2000–2500 m Höhe
**Asci** schlauchförmige Zellen, in denen bei den Schlauchpilzen die geschlechtlichen Sporen (meist 8) gebildet werden (⇨ Grafik)
**Basidien** keulenförmige Zellen, an denen bei ⇨ Ständerpilzen die geschlechtlichen Sporen (meist 4) gebildet werden (⇨ Grafik)

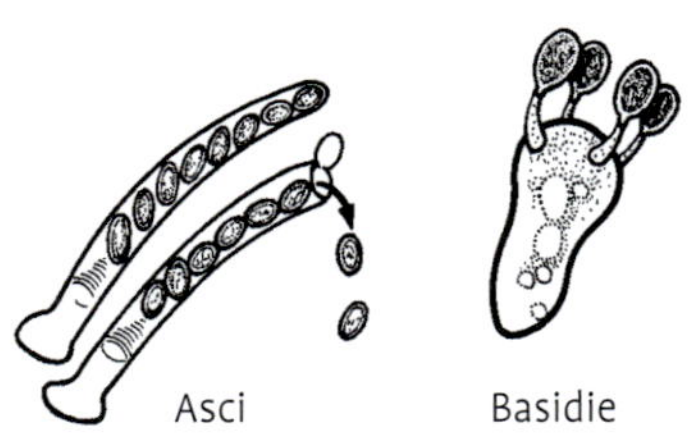


**Blätterpilze** anderer Name für Lamellenpilze, also Pilze mit einer lamellenförmigen Fruchtschicht
**Chitin** hauptsächlicher Baustoff der Zellwände bei Pilzen; eine Substanz, die ansonsten Insekten zum Bau ihres Körperpanzers verwenden
**Cortina** seidenfaserige Teilhülle, die den Hutrand mit dem Stiel verbindet und später als faserige Ringzone noch mehr oder weniger gut erkennbar ist; typisch für Pilze der Gattung der Haarschleierlinge *Cortinarius*; entspricht dem ⇨ Ring bei vielen anderen Hutpilzen; siehe auch ⇨ Velum
**Fruchtkörper** derjenige Teil des Pilzorganismus, der umgangssprachlich als „Pilz" bezeichnet wird und bei günstigen Umweltbedingungen unter oder über der Erde erscheint
**Fruchtschicht** Teil des ⇨ Fruchtkörpers, an dem die ⇨Sporen gebildet werden; befindet sich beispielsweise auf den Flächen der Lamellen, auf den Innenseiten der Röhren oder auf der Oberfläche der Stacheln, lauter Strukturen, die dazu dienen, die verfügbare Oberfläche der Fruchtschichten zu vergrößern.
**Gleba** sporenbildende, gallertige, schleimige oder pulverige Masse im Innern der Fruchtkörper mancher Großpilze, beispielsweise bei Bauchpilzen und Trüffeln
**Großpilze** umgangssprachlicher Begriff, nicht exakt definierbar; mehr oder weniger große, jedenfalls gut sichtbare Pilze
**Hyphen** fadenförmige Zellverbände, aus denen Myzelien und deren Fruchtkörper bestehen
**Hymenium** ⇨ Fruchtschicht
**Konidien** „Knospensporen"; ungeschlechtliche Sporen; Keimzellen vegetativen oder nicht bestimmbaren Ursprungs, die der vegetativen Vermehrung einiger Pilzarten dienen. Können sowohl von Zellfäden der Myzelien als auch der Fruchtkörper gebildet werden.
**Lamellen** finden sich auf der Hutunterseite der Blätterpilze. Die Farbe der Lamellen und die Anordnung, ob sie eng oder weiter auseinander stehen, sowie die Art, wie sie am Stiel ansetzen (⇨ S. 9), stellen wichtige Bestimmungsmerkmale dar.
**Makromyceten** ⇨ Großpilze

**montan** Vegetationsstufe im Bergland, in unseren Breiten die Höhenstufe der Buchen-Tannen-Fichten-Mischwälder (Bergwaldstufe)

**Mykorrhiza** Pilzwurzel; eine ⇨ Symbiose zwischen Pilzen und den feinen Wurzeln höherer Pflanzen, zumeist Bäumen (⇨ S. 7)

**Myzel** Gesamtheit der Pilzfäden (⇨ Hyphen), stellt den eigentlichen Pilzorganismus dar

**Parasit** Schmarotzer; Organismus, der aus einem anderen Organismus Nahrung bezieht, ihn dabei aber nicht sogleich tötet, sondern (zunächst) nur schädigt bzw. schwächt

**Poren** Mündungen der ⇨ Röhren (Fruchtschicht) auf der Hutunterseite von Röhrlingen. Die Porenfarbe dient als wichtiges Merkmal bei der Bestimmung. Sie kann von der Färbung der Röhren abweichen.

**Ring** häutiges Gebilde am Pilzstiel unterhalb des Huts, entstanden als Überrest des ⇨ Velums partiale; kann hängend, gerade abstehend oder aufsteigend, festsitzend oder verschiebbar sein (Bestimmungsmerkmal!)

**Röhren** ⇨ Fruchtschicht auf der Hutunterseite von Röhrlingen

**Saprophyt** Fäulnisbewohner oder Streuzersetzer; Pilz, der seinen Nährstoffbedarf aus toter organischer Substanz, z. B. moderndem Holz, verwesenden Tieren oder Humus, deckt

**Schneiden** Kanten oder Schmalseite der ⇨ Lamellen auf der Hutunterseite von Blätterpilzen, haben manchmal eine von den Lamellen selbst abweichende Färbung. Neben der Farbe ist die Beschaffenheit der Lamellenschneiden, ob sie z. B. glatt, wellig oder gesägt sind, ein wichtiges Bestimmungsmerkmal.

**Sporen** mikroskopisch kleine, einzellige Verbreitungseinheiten der Pilze; werden in der ⇨ Fruchtschicht gebildet und nach der Reife abgegeben.

**Sporenpulver** (Spp.) Ansammlung von Sporen eines Pilzes. Die Farbe kann ein wichtiges Merkmal bei der Pilzbestimmung sein. Gut zu erkennen, wenn man den Pilzhut eine Zeitlang (z. B. über Nacht) auf ein weißes Blatt Papier legt. Später den Hut vorsichtig abheben und die Färbung der Pulverschicht beurteilen. Im Buch sind Angaben zum Spp. oft unter den Gattungshinweisen und Artbeschreibungen zu finden.

**Ständerpilz** *Basidiomyceten*; Klasse der ⇨ Großpilze. Der Name hat allerdings nichts mit der Form der Fruchtkörper zu tun. Vielmehr bilden diese Pilze ihre ⇨ Sporen an ständer- oder stielartigen Auswüchsen keulenförmiger Zellen (Basidien) in der Fruchtschicht aus (⇨ Grafik).

**subalpin** Krummholzstufe im Gebirge, direkt unterhalb der natürlichen Waldgrenze, in M.-EU in ca. 1600–2000 m Höhe

**Symbiose** Vergesellschaftung zweier verschiedener Organismen, aus der beide Partner ihre Vorteile ziehen (⇨ Mykorrhiza)

**vegetative Fortpflanzung** ungeschlechtliche Fortpflanzung; kommt bei Pilzen in verschiedenen Formen vor. Im einfachsten Fall werden einzelne Myzelteile abgegliedert. Außerdem ⇨ Konidien

**Velum** häutige Hülle, die bei den Blätterpilzen den noch jungen Fruchtkörper vollständig umhüllt (Außenhülle oder *Velum universale*), während eine Innenhülle (*Velum partiale*) die noch unreife Fruchtschicht bedeckt. Reste der Außenhülle bleiben beim voll entwickelten Fruchtkörper z. T. unten als Stielscheide, z. T. oben auf dem Hut als kleine, weiße Flecken bestehen. Die Reste der aufgeplatzten Innenhülle bleiben bei vielen Pilzarten als häutiger Ring am Stiel hängen.

# Abenteuer Waldspaziergang

Je mehr man über die Natur weiß, desto spannender wird der jeder Spaziergang. Überall gibt es staunenswerte Geschöpfe zu entdecken.

## Klein, aber **oho!**

Halten Sie beim nächsten Waldspaziergang zum Beispiel einmal Ausschau nach einem Tintling *(Coprinus)*. Einer seiner „Urahnen" aus Mittelamerika ist seit **40 Millionen Jahren** in Bernstein eingeschlossen und ist der älteste bekannte Fossilfund eines Blätterpilzes.

## Auf **Ötzis Spuren**

Wahrscheinlich haben bereits die Menschen der Vorzeit Pilze gegessen oder anderweitig verwendet. Der Gletschermann Ötzi trug einen **Birkenporling** bei sich. Vermutlich nutzte er diesen zur Blutstillung. Archäologen fanden in einigen steinzeitlichen Pfahlbausiedlungen in Europa die Reste von Feuerschwämmen und Bovisten. Versuchen Sie doch mal, mit Feuerstein und **Zunderschwamm** Feuer zu machen. Gar nicht so leicht, aber es funktioniert!

## **Dichter** und **Denker,...**

Vermutlich hat **Aristoteles** bei einem Waldspaziergang einen morschen Baumstumpf oder anderes totes Material entdeckt, auf dem verschiedene Pilze gewachsen sind. Denn er war schon vor über 2000 Jahren davon überzeugt, dass die plötzliche Entstehung von Pilzen irgendwie im Zusammenhang mit Fäulnisprozessen stand.
Der griechische Dichter Pausanias erzählte im 2. Jh. n. Chr. eine Sage, wonach der griechische Held Perseus auf einer Reise seinen Durst mit Regenwasser aus dem Hut eines Pilzes löschte. Er beschloss, an diesem Ort eine neue Stadt zu gründen, und nannte sie in Erinnerung an diesen Pilz **Mykenae**, was griechisch soviel bedeutet wie Pilz. Die mykenische Kultur dürfte also auf diese Weise ihren Namen erhalten haben. – Ach, übrigens, auch in unseren Wäldern finden sich Pilze, in deren trichterförmigem Hut sich Regenwasser sammeln kann. Schon mal gesehen?

## ... **Herrscher** und **Hexen**

Später, bei den Caesaren Roms, waren Pilze eine überaus beliebte Speise. Der Name des Kaiserlings *(Amanita caesarea)* ist darauf zurückzuführen. Noch später, im von Religionswahn und Hexenglauben geprägten Mittelalter, ging das ursprünglich vorhandene Wissen über Pilze fast vollständig verloren, und die Pilze wurden weitgehend als Teufelszeug betrachtet. Bei einem ringförmigen Auftreten von Pilzen am Waldboden spricht man tatsächlich auch heute noch von einem **„Hexenring"**, wenngleich uns natürlich längst bekannt ist, dass es sich dabei lediglich um die Fruchtkörper ein und

Ein Waldspaziergang an einem sonnigen Tag – was kann schöner sein!

desselbes sich von der Mitte des Kreises her ausbreitenden Myzels handelt.

## **Ordnung** muss sein!

Erst im 18. Jh. begannen einige Forscher, sich den Pilzen mit wissenschaftlichen Augen zu nähern. Sie versuchten zunächst, eine Ordnung in die große Vielfalt zu bringen. Dabei stützten sie sich auf äußerlich sichtbare Merkmale, etwa die äußere Form oder die Gliederung in Hut und Stiel, die Ausbildung von Lamellen, Poren oder Stacheln. In diese Zeit fällt auch die Einführung des in der Wissenschaft bis heute gültigen „binominalen Systems“ bei der Namengebung durch den schwedischen Naturforscher Carl v. Linné. Der große Systematiker verlieh jedem Lebewesen einen Doppelnamen aus Gattungs- und Artname. So heißt z.B. der Fichtensteinpilz *Boletus edulis*, das bedeutet, er gehört zur Art *edulis* aus der Gattung *Boletus*.

## **Moderne Technik** hilft

In neuerer Zeit versucht man, die bisherige künstliche Ordnung der Pilze nach biologischen Gesichtspunkten in ein natürliches System einzubringen. Untersuchungen mit dem Elektronenmikroskop, chemische Analysen und nicht zuletzt die Genforschung lassen, neben ökologischen Aspekten, natürliche verwandtschaftliche Beziehungen besser erkennen.

Dadurch werden immer wieder Korrekturen im alten System notwendig. Manche Pilze finden sich plötzlich in anderen Gruppen wieder, andere werden in den Status einer eigenen Art erhoben, wieder andere entpuppen sich als mehrfach beschrieben (Synonyme).

# Pilze suchen und sammeln

Die „Jagd“ auf Pilze mit Messer und Korb und die Vorfreude auf eine delikate Pilzmahlzeit lassen die Herzen höher schlagen. Wer findet die meisten? Und die schönsten? Und die schmackhaftesten?

## Aber **wo** findet man Pilze?

Manche Pilzarten sind in bestimmten Gegenden gar nicht oder nur selten zu finden, anderswo trifft man sie recht häufig an. Das hängt grundsätzlich von der Klimazone ab, aber auch die Art des Untergrunds, die vorkommenden Pflanzen, die Bodenbedeckung und das Kleinklima eines Standorts beeinflussen das Wachstum der Pilze wesentlich.

» Leider sind heute **naturnahe Wälder** mit einer intakten Pilzflora nicht mehr die Regel. Überdüngte Flächen mit dichten Beständen von Brennnesseln und Großem Springkraut sind keine guten Orte zum Pilzesuchen! Waldstücke, mit geringer Krautschicht und **fernab von Wirtschaftswegen** versprechen da mehr Erfolg.

» In heißen Sommerwochen trocknen südliche Hanglagen erheblich ab – ungünstige Zeiten für Pilzesucher! Halten Sie sich im **Sommer** lieber an **feuchtere Gebiete**.

» Nach **ausgiebigen Niederschlägen** hingegen beherbergen gerade die **wärmebegünstigten** Lagen eine große Zahl von Pilzarten – und gute Chancen für gefüllte Sammelkörbe.

## Der richtige **Sammelbehälter**

Wie bringen wir unsere Fundstücke am besten nach Hause? Eine Plastiktüte eignet sich denkbar schlecht.

**Oberste Regel:** Die von den Pilzen abgegebene Feuchtigkeit muss in unserem Behältnis verdunsten können! Ansonsten können in der feuchten und womöglich auch noch warmen Atmosphäre Zersetzungsprozesse des Pilzgewebes beschleunigt werden. Der Verzehr derart falsch behandelter Pilze kann äußerst unangenehme Folgen für die Gesundheit haben, ähnlich einer Fleisch- oder Fischvergiftung.
Ein **breiter Span- oder Weidenkorb** erfüllt dagegen alle Anforderungen an ein zweckmäßiges Sammelgefäß. Er ist luftdurchlässig, und die unteren Pilze werden durch Druck des darüberliegenden Sammelguts nicht so schnell unansehnlich.
Sehr wichtig ist auch, dass die Pilze noch an der Fundstelle von Schnecken, sonstigem Getier und groben Schmutz befreit werden.

## **Wie und was** sammeln wir?

Wer nur an Speisepilzen interessiert ist, sollte den Grundsatz beherzigen, ausschließlich solche Pilze zu ernten, die er **sicher erkannt** hat. Natürlich gehören auch nur **qualitativ hochwertige** Fundstücke in den Sammelkorb. Schon aus

Nie ohne Messerchen und Korb zum Pilzesammeln!

Rücksicht auf die Aufgaben der Pilze im Naturhaushalt verzichtet man als Naturfreund darauf, überreife und alte oder von Insektenlarven befallene Exemplare mitzunehmen. Oft ist ein An- oder Durchschneiden der Pilze sinnvoll. Auch äußerlich makellos aussehende Steinpilze können bereits ein bewegtes Innenleben haben!

Übrigens: Das **richtige Sammeln** von Speisepilzen **schadet** der Pilzflora **nicht!** Die Hauptursachen für den Rückgang mancher Pilzarten sind erhöhte Nährstoffeinträge durch intensive Landwirtschaft, Verkehr, Monokulturen und nicht zuletzt der saure Regen.

## Natur-Tipp

### Die richtige Technik

*Entweder drehen Sie den Pilz vorsichtig aus dem Boden und decken anschließend die Entnahmestelle mit Streu oder Laub zu. Ebenso gut können Sie ihn mit einem Messer dicht über dem Boden abschneiden. Die weitläufige Meinung, dass der verbliebene Rest im Boden verfaule und so dem Myzel schade, trifft nicht zu.*

# Wohl bekomm's!

Pilze auf dem Tisch, das bedeutet Genuss und Gefahr zugleich. Bei ihrer Auswahl und der Zubereitung sind einige Dinge unbedingt zu beachten.

## **Wieviel Pilz** tut gut?

Frischpilze bestehen zu 85–95 % aus Wasser und sind reich an Mineralstoffen und Vitaminen. Ihr durchschnittlicher Eiweißgehalt ist höher als der von vielen Gemüsesorten. Allerdings können Wildpilze in manchen Gegenden auch mit Schwermetallen belastet sein, besonders nach der Katastrophe von Tschernobyl.
Ob nun gut oder schlecht, die Inhaltsstoffe der Pilze sind aufgrund von deren chitinhaltigen Zellwänden für unseren Organismus nicht vollständig erschließbar. Deshalb gelten vor allem größere Mengen von Pilzen auch als schwer verdaulich.
Letztlich muss jeder für sich selbst entscheiden, ob er Wildpilze verspeisen möchte. Schließlich gibt es auch zahlreiche leckere Zuchtpilzarten, die überall erhältlich sind und fast keine umweltbedingten Giftstoffe enthalten.

## **Vorbereitung** ist wichtig

In der Küche sollten nur einwandfrei bestimmte und qualitativ hochwertige, frische Pilze zubereitet werden. Säubern Sie die Pilze mit einem Tuch und schneiden Sie Fraß- oder Larvenstellen weg. Anschließend teilen Sie die Pilze der Länge nach. So können Sie die Pilze, kühl gelagert, bis zum nächsten Tag aufbewahren. Regennasse Pilze allerdings sollten Sie nicht zu lange liegen lassen, da sich das Pilzeiweiß in diesem Milieu rasch zersetzt und sich Bakterien vermehren.
Bei sauberen Pilzen kann man auf das Waschen verzichten: einfach klein schneiden und weiter verarbeiten.

## Pilze **auf Vorrat?**

Zubereitete Pilze können nach dem Erkalten höchstens 1–2 Tage im Kühlschrank aufbewahrt werden.
Haben Sie reiche Beute nach Hause gebracht, gilt es, Ihren Schatz für einen längeren Zeitraum haltbar zu machen:

» Am einfachsten ist Einfrieren. Füllen Sie die blanchierten oder fertig zubereiteten Pilze nach dem Abkühlen in Gefrierdosen oder -beutel und stellen Sie das Gefriergerät auf „schockgefrieren". Bei richtiger Lagerung sind Ihre Köstlichkeiten so mehrere Monate haltbar.

» Zum Trocknen sollten nur festfleischige Arten Verwendung finden, Parasole und Pfifferlinge eignen sich beispielsweise eher schlecht dafür, sie werden zäh und ledrig. Schneiden Sie die Pilze in dünne Scheiben, breiten Sie diese auf einem Drahtgitter oder festem Papier aus und lassen Sie sie an der Luft trocknen. Die Trockenpilze kann man nicht nur in Kochflüssigkeit wieder weich kochen, sondern auch zu Pulver zermahlen und in Suppen oder Soßen als Würze einstreuen.

Mmmh!

## Angst vor einer **Pilzvergiftung**

Über 80 Pilzarten sind in Mitteleuropa als giftig bekannt. Treten nach einer Pilzmahlzeit Verdauungsbeschwerden auf, so könnte ein Pilzgift die Ursache sein. Unter einer echten Pilzvergiftung verstehen wir die unmittelbare Wirkung eines Pilzgifts auf unseren Organismus.

Nicht wenige Magen- und Darmbeschwerden werden aber auch von angefaulten und verdorbenen oder zu alten Pilzen verursacht. Hinzu kommt, dass vereinzelt auch allergische Reaktionen auftreten können.

### Natur-Tipp

#### Achtung Doppelgänger!

*Viele Pilzarten ähneln einander sehr. Auch zu einigen guten, beliebten Speisepilzen gibt es Doppelgänger, fatalerweise auch solche, die hochgiftig sind!*

*Vor dem Sammeln von Speisepilzen müssen Sie vor allem diese Verwechslungsmöglichkeiten kennen!*

*Prägen Sie sich die Grundmerkmale der gängigsten und gefährlichsten Giftpilze ein und vergleichen Sie diese mit den Exemplaren, die Sie gerade einsammeln möchten!*

## Strubbelkopf (ᛘ)

*Strobilomyces strobilaceus*

**Der Strubbelkopf ist an seinen dunkelgraubraunen, manchmal fast schwarzbraunen Farben und dem faserstrubbeligen Hut und Stiel leicht zu erkennen.**

**Hut** bis 15 cm breit, jung halbkugelig, älter polsterförmig, weichfleischig, dunkelgraubraun bis schwarzbraun; faserschuppig aufreißend, Hutrand zunächst mit dem Stiel durch einen weißlich braungrauen, wolligflockigen Schleier verbunden, der später am Hutrand und Stiel als wollig-flockige Ringzone erkennbar ist. **Poren** eckig, bei jungen Exemplaren weißlich grau, dann grau, noch später dunkelbraun und weit, Druckstellen färben sich zunächst rötlich, dann schwarz; Röhren am Stiel nur kurz angewachsen und etwas herablaufend, wie die Poren gefärbt. **Stiel** bis 15 cm lang, bis 3 cm dick, faserigstrubbelig; schmutzig dunkelgraubraun. **Fleisch** grauweißlich, im Anschnitt zuerst rötlich, dann grauschwarz; Geruch säuerlich, erdig. **Spp.** schwarzbraun.

**Speisewert** Bedingt essbar. Der Pilz schmeckt etwas unangenehm säuerlich.

**Vorkommen** Mykorrhizapilz von Laub- und Nadelbäumen, auf neutralen bis leicht sauren Böden. Weit verbreitet, im Flachland selten, in montanen Lagen manchmal aber örtlich häufiger anzutreffen.

**Wissenswert!** Der S. ist in M.-EU der einzige Vertreter seiner Gattung.

**Ähnlich** Der etwa gleich große **Düstere Röhrling** *Porphyrellus porphyrosporus* ist besonders in Bergnadelwäldern zu finden; **Spp.** rotbraun; **ungenießbar**, Fleisch bitter.

## Hasenröhrling ᛘ

*Gyroporus castaneus*

**Ein wichtiges Erkennungsmerkmal sind die hellen Poren und das weiße Hut- und Stielfleisch. Diese stehen im Kontrast zu den braunen Hut- und Stielfarben.**

**Hut** bis 10 cm breit, jung halbkugelig, älter polsterförmig bis abgeflacht, dickfleischig, Hutrand älter manchmal nach oben gebogen, trocken, matt, angedrückt filzig, wildlederartig erscheinend, gelbbraun bis dunkel zimtbraun. **Poren** zuerst eng, später weiter, jung weiß, älter strohgelblich; Röhren am Stiel kurz angewachsen bis fast frei, wie die Poren gefärbt. **Stiel** bis 8 cm lang, bis 2,5 cm dick, konisch bis keulig, feinfilzig oder glatt, kammerartig hohl, hart berindet, brüchig, Hutfarben. **Fleisch** weiß. **Spp.** gelblich.

*Schneidet man einen Hasenröhrling an, bildet das weiße Hut- und Stielfleisch einen deutlichen Kontrast zum braun berindeten Stiel. Außerdem ist der im Inneren gekammert erscheinende und watteartig ausgefüllte Stiel ein wichtiges Erkennungsmerkmal dieser Art.*

**Speisewert** Essbar, aber möglicherweise individuell unverträglich. §

**Vorkommen** MP in Laubwäldern, unter Eichen, Buchen und Hainbuchen, in S-EU unter Edelkastanien, gerne im Falllaub, auf neutralen bis schwach sauren Böden, aber auch in feuchten Nadelwäldern, unter Fichten und Kiefern. Weit verbreitet, in manchen Gebieten allerdings selten bis fehlend.

**Ähnlich** Der **Kornblumenröhrling** *Gyroporus cyanescens*, Hut und Stiel hell ockergelblich, Fleisch weiß, verfärbt sich im Anschnitt sofort intensiv blau. Röhren und Poren weiß bis hellgelb, blauen auf Druck ebenfalls. Die seltene Art ist unter Laub- und Nadelbäumen, gern unter Kiefern auf sandigen Böden zu finden; **Spp.** gelblich; **essbar.** §

Strubbelkopf

Hasenröhrling

## Hohlfuß-Schuppenröhrling *Boletinus cavipes*

**Filziger Hut, weite, stark längliche Poren und hohler Stiel sind gute Kennzeichen.**

**Hut** bis 20 cm breit, filzig-schuppig, trocken, gelbbraun bis rostbraun (goldgelb bei var. *aureus*, s. oberes Bild), jung mit dem Stiel durch ein häutiges, weißliches Velum verbunden, später am Stiel als flockige Ringzone erkennbar. **Poren** sehr weit, stark länglich, fast lamellenartig mit niederen Querwänden, jung gelb, später gelbgrünlich; Röhren kurz, porenfarben. **Stiel** hohl, dick berindet, oberhalb der Ringzone gelb, darunter fein braunschuppig. **Fleisch** weißgelblich. **Spp.** gelboliv.
**Speisewert** Mittelmäßiger Speisepilz.
**Vorkommen** MP der Lärche in montanen bis subalpinen Lagen. Weit verbreitet.

**Ähnlich** Der aus Amerika eingeschleppte **Douglasienröhrling** *Suillus lakei* hat einen leicht schmierigen Hut und einen vollfleischigen Stiel; **Spp.** ockeroliv; **essbar**.

## Goldgelber Lärchenröhrling *Suillus grevillei*

**Typischer Lärchenbegleiter, mit leuchtend gelben Farben und Ring am Stiel.**

**Hut** bis zu 10 cm breit, feucht schleimig-schmierig, trocken kahl und glänzend, hellgelb bis gelbbraun, oft mit dunklerer Mitte, jung durch ein gelbliches Velum mit dem Stiel verbunden, das später als Ringzone erkennbar ist. **Poren** eng, bei älteren Pilzen weiter und unregelmäßig verzogen; zunächst gelb, später gelbbraun; Röhren angewachsen, etwas herablaufend. **Stiel** gelblich, braunfaserig, mit wulstig-kantiger, außen schmieriger Ringzone, die bei Trockenheit manchmal verkümmert. **Fleisch** weich, häufig durchfeuchtet, gelb; Geruch fruchtartig, Geschmack säuerlich. **Spp.** hell olivbraun.
**Speisewert** Nur für Mischgerichte geeignet, ältere Pilze sind oft wässerig weich.
**Vorkommen** Mykorrhizapilz der Lärche. Weit verbreitet, aber vorwiegend in montanen bis subalpinen Lagen.

## Grauer Lärchenröhrling
*Suillus viscidus*

**Dieser Röhrling ist ebenso ein Lärchenbegleiter und an seinen überwiegend grauen Farben gut erkennbar.**

**Hut** bis 10 cm breit, feucht schleimig-schmierig, trocken kahl und matt, grau bis olivgrau, Hutrand jung durch ein grauweißliches Velum mit dem Stiel verbunden, das später als Ringzone erkennbar ist. **Poren** eng, älter weiter, grau, später graubräunlich; Röhren angewachsen. **Stiel** mit mehr oder weniger ausgeprägter Ringzone, etwas blasser als der Hut gefärbt. **Fleisch** weiß bis blassgrau, im Anschnitt manchmal etwas graugrün oder blaugrün verfärbend; Geruch fruchtartig, Geschmack säuerlich. **Spp.** olivgelb.
**Speisewert** Nicht besonders schmackhaft, nur für Mischgerichte geeignet.
**Vorkommen** Mykorrhizapilz der Lärche auf kalkhaltigen Böden. Weit verbreitet, aber vorwiegend in montanen bis subalpinen Lagen zu finden.

## Rostroter Lärchenröhrling
*Suillus tridentinus*

**Mit seinen rostroten Farben und dem Standort unter Lärchen ist dieser Pilz leicht zu bestimmen.**

**Hut** bis 8 cm breit, feucht etwas schleimig-schmierig, trocken matt, rostorange. **Poren** relativ weit, eckig, orangegelb oder orangerot bis rostbraun; Röhren angewachsen bis herablaufend. **Stiel** mit mehr oder weniger ausgeprägter Ringzone, ein wenig blasser als der Hut gefärbt, dunkler filzig punktiert. **Fleisch** weißgelb bis gelborange; weich, häufig durchwässert; Geruch fruchtartig, Geschmack säuerlich. **Spp.** olivbraun.
**Speisewert** Essbar.
**Vorkommen** Mykorrhizapilz der Lärche auf kalkhaltigen Böden, vorwiegend in montanen bis subalpinen Lagen.
**Wissenswert!** Die Gattung der **Schleimröhrlinge** *Suillus*, über 20 Arten, ist durch einen feucht schleimigen oder faserig-schuppigen Hut (dann darunter mit einer gelatinösen Schicht) gekennzeichnet. **Spp.** bräunlich.

Hohlfuß-Schuppenröhrling

Goldgelber Lärchenröhrling

Grauer Lärchenröhrling

Rostroter Lärchenröhrling

## Butterpilz
*Suillus luteus*

**Gute Erkennungsmerkmale sind der häutige Ring und die helle Stielspitze.**

**Hut** bis 13 cm breit, feucht schleimig, schmierig, eingewachsen faserig, trocken glänzend, hell bis dunkelbraun. **Poren** und Röhren jung sehr eng, gelblich, älter olivgelb, oft mit milchigen Tröpfchen besetzt. **Stiel** weißgelblich, oben dunkler punktiert, unterhalb des häutigen Rings bräunlich violett. **Fleisch** weißgelblich. **Spp.** zimtbraun.
**Speisewert** Essbar, individuell unverträglich.
**Vorkommen** MP der Kiefern auf sandigen, nährstoffarmen Böden, meidet Kalk.

## Ringloser Butterpilz
*Suillus collinitus*

**In Kiefernwäldern südlich der Alpen ist dieser Butterpilz eine häufige Art.**

**Hut** bis 15 cm breit, feucht etwas schleimig, schmierig, eingewachsen faserig, dunkelbraun. **Poren** und Röhren relativ weit, gelb, älter olivgelb, selten mit milchigen Tröpfchen besetzt. **Stiel** gelblich, dunkler punktiert, Basis rosa gefärbt. **Fleisch** weich, gelb, in der Stielbasis blass bräunlich rosa; Geruch säuerlich. **Spp.** hellbraun.
**Speisewert** Essbar.
**Vorkommen** MP von Kiefern, gern auf Kalkböden. Weit verbreitet, im Norden fehlend.

## Weißbrauner Kiefernröhrling *Suillus bellini*

**Verbeitungsgebiet: Mittelmeerraum.**

**Hut** bis 12 cm breit, feucht stark schleimig, schmierig, weißlich, später bräunlich fleckig, **Poren** eng, cremegelblich, älter oliv getönt; Röhren kurz, ockergelblich. **Stiel** kurz, weißlich, braunrötlich punktiert, Basis gelblich. **Fleisch** weißgelb. **Spp**. ockerbraun.
**Speisewert** Essbar, aber schonenswert.
**Vorkommen** MP von 2-nadeligen Kiefern.

**Ähnlich** Der **Elfenbeinröhrling** *S. placidus* wächst unter 5-nadeligen Kiefern; **essbar**.

## Körnchenröhrling
*Suillus granulatus*

**Merkmal: Milchige Tropfen auf Poren u. Stiel.**

**Hut** bis 10 cm feucht schmierig, glatt, gelbbraun bis rotbraun. **Poren** sehr eng, gelb, älter olivgelblich, jung mit milchigen Tröpfchen besetzt. **Stiel** gelb, Spitze weißlich, fein dunkel punktiert. **Fleisch** weißgelblich; Geruch leicht obstartig. **Spp.** orangebraun.
**Speisewert** Essbar, individuell unverträglich.
**Vorkommen** MP 2-nadeliger Kiefern auf Kalk.

**Ähnlich** Der **Zirbenröhrling** *Suillus plorans* wächst unter Bergkiefern; essbar.

## Kuhröhrling
*Suillus bovinus*

**Glatter Hut, graugelbliche Poren und der Standort sind gute Bestimmungshilfen.**

**Hut** bis 10 cm breit, feucht leicht schmierig, glatt, ockerbraun bis orangebraun, Rand meist heller. **Poren** älter eckig weit, graugelblich, später rostbraun; Röhren gleichfarbig. **Stiel** schlank, glatt, blass ockerbraun. **Fleisch** blassgelb, schwach rötlich verfärbend; Geruch angenehm. **Spp.** olivbraun.
**Speisewert** Mäßiger Speisepilz.
**Vorkommen** Mykorrhizapilz von Kiefern, auf sandig-moorigen Böden und in Heiden, oft büschelig wachsend.

## Sandröhrling
*Suillus variegatus*

**Der Hut des Pilzes erscheint wie mit Sand bestreut.**

**Hut** bis 15 cm breit, gelbbraun bis orangeocker, filzig-feinschuppig, feucht wenig schmierig. **Poren** eng, rundlich bis eckig, schmutzig gelblich bis orangefarben, an Druckstellen schwach blauend; Röhren heller gefärbt. **Stiel** heller hutfarben, oben sehr feinfilzig überzogen. **Fleisch** gelblich bis blass orange, blauend. **Spp.** olivbraun .
**Speisewert** Essbar.
**Vorkommen** MP von Nadelbäumen, meist Kiefern, auf sandig-moorigen Böden.

Butterpilz

Ringloser Butterpilz

Weißbrauner Kiefernröhrling

Körnchenröhrling

Kuhröhrling

Sandröhrling

## Parasitischer Röhrling

(🍴)

*Xerocomus parasiticus*

**Dieser büschelig wachsende Röhrling ist durch sein parasitisches Wachstum auf Kartoffelbovisten hinreichend gekennzeichnet.**

**Hut** bis 8 cm breit, gewölbt, polsterförmig, trocken feinfilzig, wildlederartig, mitunter rissig, blass gelbbraun bis hell olivbraun, manchmal bräunlich gefleckt. **Poren** nicht sehr weit, eckig, blassgelb bis ockergelblich, älter auch orangegelb. **Stiel** schlank, Basis oft gebogen, Spitze oft fein bräunlich flockig, abwärts eingewachsen faserig, gelb bis gelbbraun. **Fleisch** weich, hell zitronengelblich, selten blaugrün verfärbend. **Spp.** rotbraun.
**Speisewert** Bedingt essbar. §
**Vorkommen** Parasitisch auf Kartoffelbovisten (⇨ S. 172), auf feuchten, sauren Böden, in Moorgebieten, in Heideflächen, unter Laub- und Nadelbäumen, gern unter Birken und zwischen Heidelbeeren. Weit verbreitet, aber nicht häufig und vom Flachland bis in submontane Höhenstufen anzutreffen.

**Wissenswert** Der P. R. ist der einzige Filzröhrling, der meist büschelig auf Kartoffelbovisten parasitiert. Bestimmungsprobleme können aber einzeln wachsende Fruchtkörper bereiten, die entfernt vom Kartoffelbovist auf dessen Myzelsträngen wachsen. Durch Trockenlegungen von Mooren ist dieser interessante Röhrling stellenweise gefährdet.

*Der Stielansatz des Parasitischen Röhrlings an einem Kartoffelbovist ist hier besonders gut zu erkennen.*

## Maronenröhrling

🍴

*Xerocomus badius*

**Der kastanienbraune Hut, die gelben Poren und der meist schlanke, glatte, bräunliche Stiel sind die charakteristischen Merkmale.**

**Hut** bis 15 cm breit, gewölbt, polsterförmig, feucht etwas schmierig, trocken feinfilzig, wildlederartig, glatt, hell rotbraun bis dunkel kastanienbraun. **Poren** und Röhren jung eng, älter mäßig weit, eckig, blassgelb, älter olivgelblich bis schmutzig olivgrün, bei Berührung verfärben sie sich grünbläulich. **Stiel** bis 12 cm lang, schwach bauchig bis zylindrisch, bis 4 cm dick, gelblich braun, häufig dunkler eingewachsen längsfaserig, die Stielspitze oft gelblich und die Basis vom Myzel oft weißlich striegelig. **Fleisch** weißgelblich, unter der Huthaut etwas bräunlich, verfärbt sich im Anschnitt mehr oder weniger stark blau. Geruch unbedeutend, Geschmack mild. **Spp.** olivbraun.
**Speisewert** Guter Speisepilz, der sich auch zum Trocknen eignet.
**Vorkommen** Mykorrhizapilz saurer Nadelwälder, gerne in moosigen Fichtenwäldern, seltener in reinen Laubwäldern. Weit verbreitet und vom Flachland bis in die montane Höhenstufe anzutreffen.
**Wissenswert!** Dieser Filzröhrling nimmt radioaktives Cäsium in besonders hohem Maß in seine Zellen auf. Deshalb sollte auf einen übermäßigen Genuss, d. h. mehr als ein reines Maronen-Gericht pro Woche, aus gesundheitlichen Gründen verzichtet werden.

**Ähnlich** Der Maronenröhrling wird von Anfängern manchmal mit **Steinpilzen** (⇨ S. 38) verwechselt. Diese haben jedoch eine Netzzeichnung am Stiel und verfärben sich an keinen Stellen blau. Verwechslungen mit der **Ziegenlippe** (⇨ S. 30) oder dem **Rotfußröhrling** (⇨ S. 30) sowie einem jungen, sehr bitter schmeckenden **Gallenröhrling** (⇨ S. 42) sind ebenso möglich.

Parasitischer Röhrling

**Maronenröhrling** ein typischer Herbstpilz

## Ziegenlippe

*Xerocomus subtomentosus*

**Die Ziegenlippe ist an ihrem samtigen, olivbraunen Hut und dem im Schnitt nur schwach blau verfärbenden, relativ weichen Fleisch erkennbar.**

**Hut** bis 12 cm breit, gewölbt, polsterförmig, feinfilzig, wildlederartig, trocken, mehr oder weniger oliv bis olivbraun, jung mit senfgelbem Reif überlagert, der sich später meist verliert. **Poren** und Röhren unregelmäßig rund oder eckig, älter weit, zunächst kräftig gelb, später bräunlich gelb bis grüngelb, auf Druck leicht bräunend. **Stiel** bis 10 cm lang, bis 2,5 cm dick, schwach bauchig bis zylindrisch, Basis bisweilen stumpf zugespitzt, meist einfarbig hellgelb, oben mit feinen rotbraunen Schüppchen besetzt, dabei fast netzartig, rippig bis liniert. **Fleisch** im Alter ziemlich weich, weißlich gelb; Geruch unbedeutend. **Spp.** olivbraun.

**Speisewert** Guter Speisepilz, aber nur jung zu verwenden. Die Fruchtkörper nehmen gern viel Feuchtigkeit auf und schimmeln bei warmer Witterung sehr schnell.

**Vorkommen** Vor allem in Laubwäldern, seltener auch in Nadelwäldern, in Parkanlagen und Gärten. Weit verbreitet und in nahezu allen Höhenlagen anzutreffen.

**Wissenswert** Dieser Filzröhrling lässt sich nicht immer mit Sicherheit genau bestimmen, denn er ist überaus variabel. Übergangsformen sind nicht selten. Verwechslungen sind mit dem unten stehenden Rotfußröhrling möglich, wenn dieser nur wenig Rottöne aufweist.

**Ähnlich** Der eher glatthütige **Maronenröhrling** (⇨ S. 28) ist mehr kastanienbraun, auch fehlen ihm die Olivtöne. Der **Braune Filzröhrling** *X. ferrugineus* hat einen rötlich braunen Hut, und an seinem Stiel ist ein gratiges, braunes Netz erkennbar. Manche Fachleute sehen in ihm aber nur eine Varietät der Ziegenlippe. **Spp.** olivbraun; **essbar**.

## Rotfußröhrling

*Xerocomus chrysenteron*

**Dieser Röhrling ist äußerst variabel. Die rötliche Zone unter der Huthaut und die rötlichen Ränder von Fraßstellen sowie der rötliche Stiel sind kennzeichnend.**

**Hut** bis 12 cm breit, gewölbt, polsterförmig, feinfilzig, wildlederartig, trocken oft felderig aufgerissen, bräunlich, gelbbräunlich, oft mit olivgrüner Tönung, manchmal fast schwarzbraun (kl. Foto). **Poren** und Röhren unregelmäßig rund oder eckig, älter weit, blassgelb bis kräftig gelb, später olivgelb bis grüngelb, auf Druck leicht blau verfärbend. **Stiel** bis 10 cm lang, bis 2,5 cm dick, mehr oder weniger zylindrisch, auf gelblichem Grund meist kräftig rot oder rotbräunlich feinflockig überzogen, Stielspitze oft gelblich abgesetzt. **Fleisch** weich, weiß bis gelblich, über den Röhren deutlich gelber, unter der Huthaut rötlich, am Anschnitt unterschiedlich stark blau anlaufend; Geruch und Geschmack leicht säuerlich. **Spp.** olivbraun.

**Speisewert** Jung ein guter Speisepilz, älter schwammig.

**Vorkommen** MP in Laub- und Nadelwäldern.

**Wissenswert!** Der Rotfußröhrling wurde in jüngerer Zeit in mehrere neue Arten aufgeteilt. Zur Gattung der **Filzröhrlinge** *Xerocomus* zählen etwa 20 Arten mit filzigen, trockenen, nur in feuchtem Zustand etwas schmierigen Hüten. Alle Filzröhrlinge sind essbar. **Spp.** olivbraun.

**Ziegenlippe** Pilz verschimmelt schnell!

Rotfußröhrling

## Schwarzblauender Röhrling *Boletus pulverulentus*

**Diese Pilzart ist aufgrund der intensiven Blauverfärbung gut kenntlich und kaum mit anderen Arten zu verwechseln.**

**Hut** bis 10 cm breit, schmutzig braun, haselbraun bis kastanienbraun, feinsamtig, matt bereift, später verkahlend, feucht leicht schmierig. **Poren** und Röhren relativ eng, zitronen- bis goldgelb, älter olivgelb, bei Druck sofort stark blau verfärbend. **Stiel** relativ kurz, Basis konisch zulaufend, oben gelb, abwärts braunrot bis kräftig rot, sehr stark dunkelblau fleckend. **Fleisch** gelb, am Anschnitt sich sofort kräftig tintenblau, später schwarzblau verfärbend. **Spp.** olivbraun.

**Speisewert** Essbar, aber kein besonders empfehlenswerter Speisepilz.

**Vorkommen** Mykorrhizapilz von Laub- und Nadelbäumen, einzeln oder gesellig wachsenend, gerne in Parkanlagen, auf sauren bis basischen Böden, oft an feuchten Stellen, zwischen Moos und Gras. Weit verbreitet, jedoch nicht sehr häufig.

## Pfefferröhrling

*Chalciporus piperatus*

**Der P. ist wegen seiner meist geringen Größe, der kupfernen Farben und dem kräftig gelben Fleisch leicht erkennbar.**

**Hut** bis 8 cm breit, kupferrotbraun, fuchsig ockerbraun, manchmal gelbbraun, trocken matt, feucht schmierig-klebrig. **Poren** und Röhren weit, schwach am Stiel herablaufend, orangebraun bis zimtrot. **Stiel** relativ schlank, gelblich kupferbraun, mit gelblicher Basis. **Fleisch** gelbrötlich, im Stiel schwefelgelb; Geschmack brennend scharf. **Spp.** rotbraun.

**Speisewert** Ungenießbar.

**Vorkommen** MP von Nadel-, seltener auch von Laubbäumen, auf sauren Böden.

**Wissenswert!** Die Gattung der **Zwergröhrlinge** *Chalciporus* enthält vier Arten.

**Ähnlich** Der **Falsche P.**, auch **Bitterlicher Zwergröhrling** genannt, *Ch. amarellus*, ist mehr rosafarben. Er wächst unter Kiefern, hauptsächlich südl. der Alpen; ungenießbar.

## Flockenstieliger Hexenröhrling

*Boletus erythropus*

**Aufgrund des Standorts, der dunkelbraunen Farben, des rot punktierten Stiels und des gelben Fleisches, das im Schnitt sofort dunkelblau anläuft, eine gut erkennbare Art.**

**Hut** bis 20 cm breit, gewölbt, polsterförmig, feinfilzig-samtig, wildlederartig, feucht schwach schmierig, dunkel kastanienbraun, bisweilen mit olivgrünem Ton. **Poren** jung sehr eng, rundlich, dunkelrot, an Druckstellen blau verfärbend; Röhren blass olivgelb, später olivgrünlich, ebenfalls blauend. **Stiel** bis 15 cm lang, bis 4 cm dick, keulig-knollig, auf gelbem Grund dicht feinflockig, rötlich punktiert, Druckstellen blau anlaufend. **Fleisch** fest, gelb bis sattgelb, feucht etwas marmoriert, am Anschnitt sofort blauschwarz anlaufend. **Spp.** olivbraun.

**Speisewert** Guter Speisepilz, auch zum Trocknen gut geeignet.

**Vorkommen** Mykorrhizapilz von Nadelbäumen, seltener von Laubbäumen, auf sauren, kalkfreien oder zumindest oberflächenversauerten Böden. Weit verbreitet.

**Wissenswert!** Die Blauverfärbung des Fleischs, eine Reaktion mit dem Luftsauerstoff, führte zum Namen Hexenröhrling.

**Ähnlich** Der **Netzstielige H.** (⇨ S. 34) unterscheidet sich vom F. H. durch seinen rot genetzten Stiel. Außerdem wächst er im Laubwald auf kalkhaltigen Böden.
Der Hut des **Glattstieligen H.** *Boletus queletii* ist mehr gelboliv bis olivbraun, manchmal etwas rötlich gefärbt; der Stiel gelblich, abwärts rötlich, feinpunktiert bis glatt; die Poren sind jung gelborange bis rötlich; das Fleisch blass gelblich, im Stiel abwärts rötlich, es verfärbt sich am Anschnitt mäßig schmutzig blau. Der G. H. bevorzugt wärmebegünstigte Eichen-Hainbuchenwälder auf Kalk; **Spp.** olivbraun; **bedingt essbar.** §

Schwarzblauender Röhrling

Pfefferröhrling

Flockenstieliger Hexenröhrling

## Netzstieliger Hexenröhrling

*Boletus luridus*

**Der olivbraune Hut, der rot genetzte Stiel und das relativ stark blauende Fleisch sind gute Merkmale. Dennoch wird er immer wieder mit dem Satanspilz (s. unten) verwechselt.**

**Hut** bis 25 cm breit, gewölbt, filzig-samtig, trocken matt, feucht leicht schmierig, olivbräunlich, olivgelb bis fast ledergelblich, selten mit rötlichen oder orangen Farben, auf Druck dunkel fleckend. **Poren** jung gelblich, älter rötlich überhaucht und schließlich lebhaft rot, blau fleckend; Röhren blass olivgelb, später gelbgrün, grünblau anlaufend, mit charakteristischer roter Zone zwischen Hutfleisch und Röhrenboden (kl. Foto). **Stiel** bis 20 cm lang, bis 5 cm dick; auf hell- oder orangegelbem Grund mit einem erhabenen, langgestreckten, roten Netz überzogen, Basis karminrot, blau fleckend. **Fleisch** blassgelb, in der Stielbasis oft rötlich, in Fraßgängen rot durchzogen, blau anlaufend. **Spp.** olivbraun.

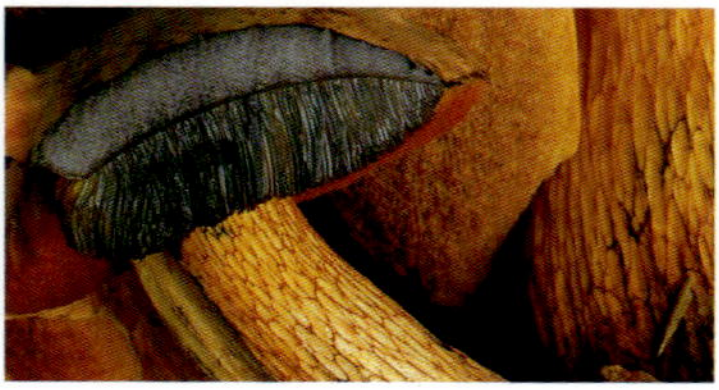

**Speisewert** In rohem Zustand giftig; enthält offenbar thermolabile Giftstoffe, die beim Kochen zerstört werden. Von individuellen Unverträglichkeiten bei gleichzeitigem Alkoholgenuss wurde berichtet.

**Vorkommen** MP von Laubbäumen, auf kalkhaltigen Böden, in Parkanlagen, an Straßenrändern, besonders an wärmeren Standorten.

**Ähnlich** Der N. H. kann mit anderen rotporigen Röhrlingen verwechselt werden, z. B. mit dem **Flockenstieligen H.** (⇨ S. 32), der aber auf sauren Böden vorkommt.

## Satanspilz

*Boletus satanas*

**Dieser giftige Röhrling ist an seinem grauen Hut, den roten Poren und dem rot geflammten, netzartig gezeichneten Stiel gut erkennbar.**

**Hut** bis 25 cm breit, polsterförmig, seidenmatt, älter kahl, feucht etwas schmierig-klebrig, jung grauweißlich, schottersteinfarben, älter ocker-lederfarben bis schmutzig grau, Rand oft schwach rosa überhaucht. **Poren** ganz jung gelb, sehr bald rötlich überhaucht und schließlich lebhaft rot; Röhren blassgelb, schließlich grüngelb, schwach blaugrün anlaufend. **Stiel** kräftig, bis 12 cm lang, bis 10 cm dick, keulig-bauchig, oft fast kugelig, im oberen Teil deutlich mit einem engmaschigen, roten Netz auf gelbem Grund überzogen, abwärts oft dunkel blutrot gefärbt. **Fleisch** relativ weich, weißlich, im Stiel gelb bis hellocker, im Schnitt nur mäßig blau verfärbend; Geruch jung schwach, älter unangenehm schweißfußartig. **Spp.** olivbraun.

*Rote Poren kennzeichnen den Satanspilz.*

**Speisewert** Giftig, sein Genuss verursacht heftige Magen-Darmbeschwerden. **§**

**Vorkommen** Mykorrhizapilz von Laubbäumen, vor allem unter Buchen auf Kalk, besonders an wärmebegünstigten Standorten. Nur vereinzelt vorkommend.

**Ähnlich** Andere rotporige Röhrlinge, z. B. der **Rosahütige R.** *B. rhodoxanthus*, dessen Stiel ein erhabenes, rotes Stielnetz auf gelbem Grund und ein gelb gefärbtes Fleisch aufweist; **Spp.** olivbraun; **giftig. §**

Netzstieliger Hexenröhrling

Satanspilz

## Wurzelnder Bitterröhrling

*Boletus radicans*

**Dieser weißgraue, eher seltene Pilz fleckt beim Anfassen schnell bläulich.**

**Hut** bis 20 cm breit, beige bis beigegrau, feinfilzig, verkahlend, feucht etwas schmierig. **Poren** und Röhren eng, zitronengelb, dann schmutzig gelb, blauend. **Stiel** zugespitzt, hell zitronengelb, mit gleichfarbenem Netz, bisweilen auch mit rötlichem Gürtel, blau fleckend. **Fleisch** weiß- bis gelblich, blauend; Geschmack sehr bitter. **Spp.** olivbraun.
**Speisewert** Ungenießbar.
**Vorkommen** Mykorrhizapilz von Laubbäumen, gerne unter Buchen, auf Kalk.

## Königsröhrling

*Boletus regius*

**Ein roter Hut, gelbe Poren und ein gelber Stiel sind bei diesem Pilz kennzeichnend.**

**Hut** bis 15 cm breit, hell blutrot, weinrot geflammt, älter rotbraun, kahl, oft feinfeldrigrissig. **Poren** u. Röhren eng, satt zitronengelb, Druckstellen wenig blauend. **Stiel** hell- bis zitronengelb, mit gelben Netz, Basis auch rötlich gefärbt. **Fleisch** gelblich, etwas blauend; Geruch aromatisch. **Spp.** olivbraun.
**Speisewert** Essbar; schonenswert. §
**Vorkommen** Mykorrhizapilz in wärmebegünstigten Laubwäldern, auf kalkhaltigen bis neutralen Böden.

## Fahler Röhrling

*Boletus impolitus*

**Das Fleisch in der Stielbasis dieses Pilzes riecht unangenehm karbolartig.**

**Hut** bis 15 cm breit, ockergrau, feinfilzig bereift, manchmal feinfeldrig rau. **Poren** zitronengelblich, älter rötlichbraun überhaucht. **Stiel** hell- bis zitronengelb, abwärts gelbbräunlich,. fein-flockig punktiert. **Fleisch** blass gelblich, kaum blauend; Geruch besonders im Stiel karbolartig. **Spp.** olivbraun.
**Speisewert** Essbar; schonenswert. §
**Vorkommen** Mykorrhizapilz von Laubbäumen, auf kalkhaltigen bis lehmigen Böden. Selten, in S-EU relativ häufig.

## Silberröhrling

*Boletus fechtneri*

**Helle Farbtöne und gelbe Poren kennzeichnen diesen seltenen Röhrling.**

**Hut** bis 15 cm breit, feinfilzig, grauweiß, später graubräunlich bis blass ockerbraun. **Poren** zitronengelb bis goldgelb, älter rostbräunlich, etwas blauend. **Stiel** gelblich, abwärts mit gelb- bis rötlichem, manchmal undeutlichem Netz überzogen. **Fleisch** blass gelblich, im Hut rötlich, blauend. **Spp.** olivbraun.
**Speisewert** Essbar; schonenswert. §
**Vorkommen** Mykorrhizapilz in wärmebegünstigten Laubwäldern, auf kalkhaltigen, lehmigen Böden; selten.

## Schönfußröhrling

*Boletus calopus*

**Gute Kennzeichen: Ein rot geflammter Stiel mit erhabener, heller Netzzeichnung und ein schwach blauendes Fleisch.**

**Hut** bis 20 cm breit, gewölbt, polsterförmig, feinsamtig-filzig, matt, hellgrau bis graubräunlich, olivgrau, manchmal hellbraun. **Poren** gelb, auf Druck blau verfärbend; Röhren gelb, später olivgrünlich. **Stiel** bis 8 cm lang, bis 5 cm dick, knollig-bauchig bis zylindrisch, gelb, nach unten hin meist schön karminrot gefärbt, deutlich von der Spitze her mit einem erhabenen, weißlichen Netz überzogen (Bild ganz rechts), dieses nach unten meist langgestreckt und zunehmend undeutlich. **Fleisch** weißgelblich, schwach blauend, Geschmack meist stark bitter. **Spp.** olivocker.
**Speisewert** Ungenießbar. §
**Vorkommen** Mykorrhizapilz in Laub- und Nadelwäldern, auf nährstoffarmen, sauren Böden, Kalk meidend.

**Ähnlich** Andere rotstielige Röhrlinge mit roten Poren gehören zu den **Hexenröhrlingen** (⇨ S. 32) oder sind ein **Satanspilz** (⇨ S. 34).

Wurzelnder Bitterröhrling

Königsröhrling

Fahler Röhrling

Silberröhrling

Schönfußröhrling typisch: die Netzzeichnung des Stiels

## Sommersteinpilz

*Boletus reticulatus*

**An seinem feinsamtig-körnigen Hut, dem Standort unter Buchen und Eichen sowie seinem Wachstum im Sommer ist der Sommersteinpilz gut bestimmbar.**

**Hut** bis 25 cm breit, halbkugelig, älter polsterförmig, festfleischig, trocken matt, feinsamtig-körnig, feucht schwach schmierig, hellbräunlich. **Poren** sehr eng, später weiter, weiß, älter gelb bis gelbgrünlich; Röhren jung weiß bis blassgelb, älter olivgrünlich. **Stiel** bis 20 cm lang, bis 6 cm dick, keulig, bauchig, weißlich beige, älter auf blassbraunem Grund mit einem erhabenen bräunlichen Netz überzogen. **Fleisch** weiß. **Spp.** olivbraun.

**Speisewert** Wertvoller Speisepilz, der sich wie alle Steinpilze und ebenso viele andere Röhrlinge auch gut zum Einlegen in Öl und besonders zum Trocknen eignet.

**Vorkommen** Mykorrhizapilz von Laubbäumen, auf kalkhaltigen Böden. Weit verbreitet und örtlich häufig.

**Wissenswert!** Der S. (lat. auch *B. aestivalis*) bevorzugt wärmebegünstigte Laub- und Nadelmischwälder und ist meist schon im Frühsommer zu finden. Im Gegensatz zum allgemein bekannten **Fichtensteinpilz** (s. unten) mit glatter Huthaut hat er eine feinfilzige Hutoberfläche (kl. Bild), die feinfeldrig aufreißen kann. Durch die zunehmende Versauerung der Oberböden ist an den bisher für den S. typischen Laubwald-Standorten immer häufiger der Fichtensteinpilz anzutreffen.

*Ein Sommersteinpilz mit typischer feinsamtig-körniger, etwas feldriger Hutoberfläche, weißem Fleisch und blassgelben Röhren.*

## Fichtensteinpilz

*Boletus edulis*

**Ein glatter, feucht schmieriger Hut sowie ein weißes Netz auf dem Stiel kennzeichnen den Fichtensteinpilz hinreichend.**

**Hut** bis 25 cm breit, fast halbkugelig, festfleischig, älter polsterförmig und weich, in trockenem Zustand fast glatt erscheinend, feucht wenig bis stark schmierig, jung oft cremeweiß, später hell bis dunkelbraun gefärbt. **Poren** zunächst sehr eng und weiß, später weiter und leicht gelb bis gelbgrün, bei älteren Exemplaren olivgrün; Röhren wie die Poren gefärbt. **Stiel** kräftig, bis 20 cm lang bis 7 cm breit, keulig, bauchig, jung weißlich bis blass bräunlich, von der Stielspitze abwärts mit einem mehr oder weniger ausgeprägten, erhabenen weißen Netz überzogen. **Fleisch** weiß, unter der Huthaut oft blass rosa. **Spp.** olivbraun.

*Die weißliche Netzzeichnung der Stieloberfläche bildet sich nicht immer so deutlich aus wie auf dem hier gezeigten Exemplar. Oft reicht sie nur bis zur Stielmitte, oder man kann sie bloß an der Stielspitze erkennen.*

**Speisewert** Guter Speisepilz. Im Sommer sind Steinpilze allerdings sehr oft von Maden befallen. Es empfiehlt sich, die Funde bereits im Wald durchzuschneiden.

**Vorkommen** Mykorrhizapilz der Fichte, in Nadel- und Mischwäldern, auch auf mit Fichten durchsetzten Almweiden, auf nährstoffarmen, sauren Sand- und Silikatböden, aber ebenso auf Kalkböden mit versauerten Oberböden. Nicht selten ist er mit Fliegenpilzen, die ähnliche Standortsansprüche haben, vergesellschaftet.

**Ähnlich** ist der sehr bitter schmeckende **Gallenröhrling** (⇨ S. 42), der aber einen oliv getönten Hut, rosafarbene Poren und ein olivfarbenes Stielnetz aufweist.

**Sommersteinpilz** ein typischer Frühsommerpilz

**Fichtensteinpilz**

## Kiefernsteinpilz

*Boletus pinophilus*

**Der Standort, die rotbraunen Farben sowie die abwärts rotbraune Netzzeichnung des Stiels sind charakteristische Merkmale des Kiefernsteinpilzes.**

**Hut** bis 20 cm breit, polsterförmig, Oberfläche manchmal runzelig-höckerig, matt, feinsamtig, bei feuchtem Wetter glatt, etwas schmierig, kräftig rotbraun, purpurbraun. **Poren** und Röhren jung weiß, dann blass gelb, älter gelbgrünlich. **Stiel** bis etwa 12 cm lang, 4–8 cm dick, jung bauchig, später mehr oder weniger keulig, relativ hart, auf hellem rötlichbraunem Grund an der Spitze mit weißlichem, abwärts zunehmend rötlichbraun gefärbten Netz überzogen, Stielbasis weiß. **Fleisch** fest, weiß, unter der Huthaut ein wenig rosa-rotbräunlich durchgefärbt, sich am Anschnitt nicht verfärbend; Geruch angenehm, manchmal ein wenig harzig, Geschmack mild. **Spp.** olivbraun.

**Speisewert** Guter Speisepilz, der sich auch zum Trocknen eignet. In Gebieten mit seltenem Vorkommen sollte er geschont werden.

**Vorkommen** Mykorrhizapilz von Kiefern, selten auch von Fichten und Weißtannen, wächst auf trockenen, sauren Sandböden und Silikatgestein, gerne vom Flachland bis ins höhere Bergland, in der Norddeutschen Tiefebene nur sporadisch vorkommend.

**Wissenswert!** Sämtliche Steinpilzarten gehören zu den **Röhrlingen** *Boletus*, über 40 Arten, und hier zu den **Dickröhrlingen**, die durch fleischige Fruchtkörper mit polsterförmigen Hüten und dickbauchigen Stielen gekennzeichnet sind. Allesamt haben sie als junge Pilze fast noch geschlossene, dann enge, weiße, später gelbgrüne, älter weite, olivgrünliche Poren und Röhren, die sich gut vom Hutfleisch lösen lassen. Das weiße Fleisch verfärbt sich nicht bei Verletzung. Für den reinen Speisepilzsammler ist die Trennung der einzelnen Arten kaum von Bedeutung, denn alle Steinpilze sind gute, ergiebige Speisepilze. **Spp.** olivbräunlich.

## Schwarzhütiger Steinpilz

*Boletus aereus*

**Dieser Steinpilz lässt sich aufgrund seiner dunkelbraunen bis braunschwarzen Hutfarbe, die im Kontrast zu den weißen Poren steht, leicht bestimmen.**

**Hut** bis 20 cm breit, kompakt, dickfleischig, polsterförmig, matt, feinsamtig, bei feuchtem Wetter glatt, leicht schmierig, kastanienbraun, dunkelbraun bis fast schwarz. **Poren** jung weiß, später blassgelb, cremefarben, manchmal auf Druck etwas braun werdend; Röhren am Stiel älter niedergedrückt, cremefarben, älter gelbgrünlich. **Stiel** bis 12 cm lang, bis 6 cm dick, jung bauchig, später keulenförmig, Basis oft zugespitzt, relativ hart, auf rotbräunlichem Grund mit einem mehr oder weniger ausgeprägten braunen Netz überzogen, Stielbasis weiß. **Fleisch** fest, weiß. **Spp.** olivbraun.

*Der Schwarzhütige Steinpilz in langstieliger Form.*

**Speisewert** Guter Speisepilz, zum Einlegen in Öl geeignet, aber auch zum Trocknen. §

**Vorkommen** Mykorrhizapilz von Laubbäumen, besonders von Eichen und Edelkastanien, gern in Parkanlagen, auf trockenen bis frischen Kalk- und Lehmböden, gerne an wärmebegünstigten Standorten. Im Mittelmeerraum relativ häufig und dort besonders in Stein- und Korkeichenwäldern zu finden.

**Ähnlich** Der auch im Laubwald wachsende **Sommersteinpilz** (⇨ S. 38) ist heller braun und hat einen feinsamtig-filzigen Hut.

**Kiefernsteinpilz** typisch: rotbraune Farben

**Schwarzhütiger Steinpilz** typisch: braunschwarze Farben

## Gallenröhrling

*Tylopilus felleus*

**Typisch sind: Die olivfarbenen Töne des Huts und des Stiels mit seiner ausgeprägten Netzzeichnung sowie die rosafarbenen Poren und Röhren.**

**Hut** bis 15 cm breit, jung halbkugelig, später polsterförmig, dickfleischig, matt, feinsamtig, hell kartonbraun, rehbraun oder graubraun, typischerweise mit oliven Tönen überhaucht. **Poren** jung blassrosa, älter deutlich rosa oder lachsfarben; Röhren um den Stiel herum fast frei, gleichfarben. **Stiel** bis 12 cm lang, bis 4 cm dick, mehr oder weniger keulenförmig, manchmal auch bauchig, relativ stämmig, wie der Hut gefärbt und bis zur Basis mit einem charakteristischen, weitmaschigen, erhabenen, olivfarbenen Netz überzogen. **Fleisch** eher weich, weißlich, unter der Huthaut etwas braunoliv gefärbt; Geruch unauffällig, Geschmack sehr bitter, manchmal auch nur schwach. **Spp.** rosabraun.

**Speisewert** Ungenießbar. Schon ein einziger Pilz bzw. kleine Stücke davon können eine ganze Mahlzeit völlig verderben sowie Magen- und Darmbeschwerden hervorrufen.

**Vorkommen** MP in sauren, nährstoffarmen Nadelwäldern, aber auch in entsprechenden Laubwäldern. Fast überall häufig und vom Tiefland bis in höhere Lagen anzutreffen.

**Wissenswert!** Schon mehrfach wurde von weniger kritischen Speisepilzsammlern berichtet, sie hätten nicht besonders bitter schmeckende Aufsammlungen dieses Pilzes ohne nachhaltigen Schaden gegessen. Die unangenehme Kostprobe ist vermeidbar, wenn man auf die typischen Merkmale achtet. Zum Kosten genügt meist schon eine Berührung des Pilzfleisches mit der Zunge.

**Ähnlich** Der Gallenröhrling ist der klassische Verwechslungspartner des **Fichtensteinpilzes** (⇨ S. 38). Unerfahrene Pilzsucher verwechseln ihn auch mit dem **Maronenröhrling** (⇨ S. 28).

## Birkenpilz

*Leccinum scabrum*

**Bräunlicher Hut, weißliche Poren, ein graubraun bis schwarz beschuppter Stiel sowie ein nicht verfärbendes, weißliches Fleisch sind gute Kennzeichen.**

**Hut** bis 15 cm breit, halbkugelig, polsterförmig, matt bis fast glatt, hell graubraun bis dunkelbraun. **Poren** jung eng, rund, weißlich, später schmutzig weiß; Röhren nach unten vorgewölbt, am Stiel ausgebuchtet, leicht vom Hutfleisch ablösbar, schmutzig weiß, im Anschnitt nicht verfärbend. **Stiel** bis 17 cm lang, bis 3 cm dick, oben etwas verjüngt, faserig hart, auf weißlichem Grund mit graubraunen bis schwärzlichen, rauen Schuppen besetzt, im oberen Teil manchmal längsstreifig-netzig. **Fleisch** weißlich, bei Bruch in der Farbe unveränderlich, jung relativ fest, im Stiel faserig hart. **Spp.** gelbbraun.

**Speisewert** Essbar. Älter nimmt er aber viel Wasser auf und wird schwammig weich.

**Vorkommen** MP der Birken, auf eher trockenen Standorten. Fast überall häufig.

**Wissenswert!** Die Gattung der **Raustielröhrlinge** *Leccinum* enthält über 40 Arten, deren Bestimmung, gerade bei den mit Birken wachsenden Arten, manchmal recht schwierig ist. Die verschiedene Verfärbung des Fleisches und die Bodenart sind gute Bestimmungshilfen. Alle sind Mykorrhizapilze und essbar. **Spp.** gelbbräunlich.

**Ähnlich** Der **Graubraune Raustielröhrling** *Leccinum brunneogriseolum* wächst auf moorigen Böden, unter Birken; **essbar**.

**Gallenröhrling** wird oft für einen Steinpilz gehalten

**Birkenpilz** Standort beachten!

## Eichenrotkappe

*Leccinum quercinum*

**Die Bestimmung dieser rotschuppigen Rotkappe ist relativ einfach, wenn man auf den Standort achtet, auf den schon der Artname hinweist.**

**Hut** bis 18 cm breit, halbkugelig, später gewölbt, matt, leicht gerunzelt, hell ziegelrot bis rostbraun. **Poren** zumindest beim jungen Pilz eng, rund, erst weißlich, dann blass lederbraun, auf Druck etwas bräunlich fleckend; Röhren am Stiel fast frei, wie die Poren gefärbt. **Stiel** bis 20 cm lang, bis 4 cm dick, schlank, oben etwas verjüngt, faserig hart, auf blassem Grund mit rötlich braunen, später dunkel rotbraunen, rauen bis flockigen Schuppen besetzt. **Fleisch** fest, cremeweiß, am Anschnitt rosa bis weinrötlich anlaufend, dann dunkler werdend. **Spp.** gelbbraun.

**Speisewert** Guter Speisepilz, aufgrund seiner Seltenheit jedoch schonenswert. §

**Vorkommen** Mykorrhizapilz der Eichen, gerne an wärmebegünstigten Standorten, in Eichen-Hainbuchen-Buchenwäldern, auch auf Wiesen unter allein stehenden Eichen, auf eher neutralen Böden. Weit verbreitet, aber nirgends häufig.

**Wissenswert!** Alle Rotkappen sind Mykorrhizapilze und **essbar.**

**Ähnlich** Die **Kiefernrotkappe** *Leccinum vulpinum* kommt gewöhnlich unter Kiefern und Fichten im Gebirge vor; **essbar**. § Die **Birkenrotkappe** *L. versipelle* (kl. Bild unten) ist unter Birken in Fichten-Birken-Mischwäldern auf kalkarmen Böden zwischen Heidekraut und Heidelbeeren zu finden; **essbar**. §

## Espenrotkappe

*Leccinum rufum*

**Der Standort unter Espen sowie der orangefarbene Hut und der zuerst weiße, dann orangebraun geschuppte Stiel sind zuverlässige Bestimmungsmerkmale.**

**Hut** bis 25 cm breit, jung halbkugelig, später gewölbt, mit am Rand überhängender Huthaut, matt, leicht gerunzelt, orangerot bis orangebraun. **Poren** jung eng, rund, erst weißlich oder cremefarben, dann blassgrau, auf Druck bräunlich verfärbend; Röhren gleichfarben. **Stiel** bis 20 cm lang, bis 5 cm dick, hart, oben etwas verjüngt, auf blassem Grund mit anfangs weißen, später orangebraunen, rauen bis flockigen Schuppen besetzt, verfärbt sich bei Druck dunkler. **Fleisch** fest, nur im Hut bei älteren Exemplaren weich, weißlich, am Anschnitt grauviolett, purpurgrau anlaufend. **Spp.** ockerbeige.

**Speisewert** Essbar, guter Speisepilz. Beim Kochen oder Braten verfärben sich die geschnittenen Pilze schwarz, was aber den Geschmack nicht beeinträchtigt. §

**Vorkommen** MP der Zitterpappel (Espe), in lichten Wäldern, an moosigen und grasigen Stellen, gerne auf humosen Böden.

**Wissenswert!** Die Rotkappen gehören wie die Birkenpilze zu den **Raustielröhrlingen** (⇨ S. 42), lateinisch *Leccinum*, früher auch *Krombholziella* genannt, und bilden eine variationsreiche Gruppe. In der Literatur sind mehr als 5 Rotkappen-Arten zu finden. Die Gattung ist durch mehr oder weniger grobschuppige Stiele gekennzeichnet. Ihre Hüte können rot, orange oder braunrot gefärbt sein. Die genaue Bestimmung dieser schön gefärbten Röhrlinge kann sich besonders für den weniger versierten Pilzsammler recht schwierig gestalten. Den entscheidenden Hinweis zur korrekten Artbestimmung einer Rotkappe liefert oft die Kenntnis der begleitenden Baumart. Alle Arten dieser Gattung sind essbar. **Spp.** gelb- bis olivbraun.

Die Espenrotkappe hieß früher mit lateinischem Namen *L. aurantiacum*.

**Eichenrotkappe** Standort beachten!

**Espenrotkappe** auch hier Standort beachten!

## Steineichen-Raustielröhrling

*Leccinum lepidum*

**Ein typischer Röhrling unter immergrünen Eichen. Manchmal ist sein Stiel sehr schlank, ein andermal kräftig bauchig.**

**Hut** bis 20 cm breit, jung halbkugelig, später flacher gewölbt, trocken matt, etwas gerunzelt, feucht glatt bis leicht schmierig, gelblich braun, dunkelbraun oder kastanienbraun. **Poren** jung sehr eng, kräftig gelb, später bräunlich überhaucht; Röhren älter polsterförmig vorgewölbt, wie die Poren gefärbt, älter etwas grünlich. **Stiel** bis 15 cm lang, bis 5 cm dick, jung dickbauchig, dann mehr oder weniger keulig bis zylindrisch mit etwas zugespitzter Basis, jung auf kräftig gelbem Grund mit hellen, gelbbraunen, flockigen Schuppen besetzt, später dunkler braunschuppig. **Fleisch** jung fest, älter weich, weißgelblich, am Anschnitt leicht rosa geflammt. **Spp.** olivbraun.

**Speisewert** Jung ein guter Speisepilz.

**Vorkommen** Mykorrhizapilz in warmen Laubwäldern, besonders unter Steineichen, auf nackter Erde und in Laubstreu. Im Mittelmeerraum weit verbreitet und häufig.

**Ähnlich** ist der **Zistrosenröhrling** *L. corsicum*. Er ist aber schmächtiger, schlanker und kommt im Mittelmeerraum meist unter Zistrosen vor; **essbar. Spp.** olivbraun.

*Zwei junge, besonders kräftig gelb gefärbte Fruchtkörper des Steineichen-Raustielröhrlings.*

## Erlengrübling

*Gyrodon lividus*

**Durch den Standort unter Erlen sowie die jung kräftig gelben, älter dann eckig langgezogenen Poren, die auf Druck blauen, gut bestimmbar.**

**Hut** bis 20 cm breit, jung gewölbt, Rand nach unten gebogen, eingerollt, älter flacher, manchmal trichterförmig, dünnfleischig, trocken feinfilzig-matt, älter glatt, feucht leicht schmierig, ockergelblich bis beige mit grauer Tönung. **Poren** jung sehr eng, später weit, eckig langgezogen, kräftig gelb, später grüngelblich, bei Druck dunkelblau verfärbend; Röhren sehr kurz, deutlich herablaufend, Porenfarben. **Stiel** bis 8 cm lang, bis 2 cm dick, an der Basis meistens gebogen, oft zugespitzt, jung Spitze gelb, abwärts rotbraun, fein längsfaserig. **Fleisch** weich, blass gelblich, stark blauend. **Spp.** olivbraun.

**Speisewert** Vom Genuss dieses Pilzes ist abzuraten, er steht im Verdacht, ähnlich lebensbedrohende allergische Reaktionen auszulösen wie der **Kahle Krempling.** (⇨ S. 48). §

**Vorkommen** Mykorrhizapilz der Erlen, an feuchten Standorten, einzeln bis gesellig. In submontanen bis montanen Lagen, dort örtlich häufig.

**Wissenswert!** Wissenschaftliche Erkenntnisse deuten darauf hin, dass der E. eher mit den **Kremplingen** (⇨ S. 48) verwandt und nicht den Röhrlingen zuzurechnen ist.

*Bei genauer Betrachtung fällt bei reifen Erlengrüblingen die lamellenartig ausgerichtete und mit Querwänden versehene Fruchtschicht auf.*

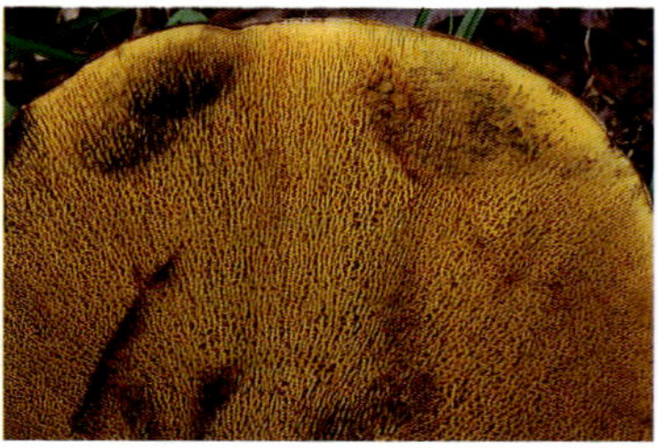

**Steineichen-Raustielröhrling** ist im Mittelmeerraum verbreitet

**Erlengrübling** Standort beachten!

## Kahler Krempling

*Paxillus involutus*

**Der braunolive, mattfilzige Hut mit dem eingebogenen Rand und die holzgelben, braun fleckenden Lamellen sind gute Erkennungsmerkmale.**

**Hut** bis 20 cm breit, jung flach gewölbt mit eingebogenem, oft gekerbtem Rand, älter auch trichterförmig, trocken matt-filzig, feucht glatt bis leicht schmierig, älter verkahlend; ockerbraun, schmutzig olivgraubraun, älter rötlich braun, Druckstellen rötlich ockerfarben. **Lamellen** herablaufend, relativ eng, dünn, teilweise gegabelt und queraderig verbunden, jung blass ockerfarben, holzgelblich, später olivocker, rotbraun fleckend. **Stiel** bis 8 cm lang, 2,5 cm dick, abwärts verjüngt, blass ockerfarben, rotbraun fleckend. **Fleisch** weißgelblich, im Schnitt rost-ockerlich verfärbend. **Spp.** rostbraun.

**Speisewert** Vom Genuss ist dringend abzuraten! Der regelmäßige Verzehr kann eine tödliche Unverträglichkeitsreaktion mit Zerstörung der roten Blutkörperchen auslösen.

**Vorkommen** Mykorrhizapilz fast aller Waldgesellschaften, bevorzugt feuchte, saure Standorte.

**Wissenswert!** Der K. K. wird in O-EU gerne gegessen, obwohl von dort immer wieder Berichte über schwere Verdauungsbeschwerden vorliegen. Erst in jüngerer Zeit wurde das Paxillus-Syndrom, eine Art allergischer Schock, entdeckt (s. Speisewert).

**Ähnlich** Der **Erlenkrempling** *Paxillus rubicundulus (= P. filamentosus)* wächst unter Erlen. Von seinem Genuss ist ebenso abzuraten; **giftig! Spp.** braun.

## Samtfußkrempling

*Tapinella atrotomentosa*

**An umgedrehten Fruchtkörpern fällt der samtige, dunkelbraune Stiel auf, der einen starken Farbkontrast zu den hellen Lamellen bildet.**

**Hut** bis 20 cm breit, polsterförmig gewölbt, älter flacher ausgebreitet, auch muschel- oder trichterförmig, Rand deutlich eingerollt und oft wellig; trocken fein samtig, feucht etwas verkahlend, dunkel ockerbraun bis rostbraun. **Lamellen** herablaufend, dünn, relativ dicht stehend, oft gegabelt und durch Querwände verbunden, blassgelb bis hell ockerfarben. **Stiel** kräftig, relativ kurz, bis 9 cm lang, bis 4 cm dick, manchmal seitlich versetzt, samtig, dunkelbraun. **Fleisch** kompakt, meist sehr wässrig, blassgelb, in der Basis leicht bräunlich; Geruch und Geschmack säuerlich, oft bitter. **Spp.** gelbbraun.

**Speisewert** Kein klassischer Speisepilz; erst längeres Kochen macht ihn genießbar.

**Vorkommen** An Nadel-, seltener Laubholz, an Stümpfen, auf bemoosten Wurzeln.

**Wissenswert!** Die Fruchtkörper nehmen mit der Zeit ziemlich viel Wasser auf, sodass sie regelrecht schwammig werden. Ältere Exemplare sind dadurch Heimstatt unzähliger Bakterien.

**Verwandt** Früher wurde der Samtfußkrempling zur Gattung der **Kremplinge** *Paxillus* gezählt, neuerdings gilt er als verwandt mit dem **Muschelkrempling** *Tapinella panuoides* (kl. Bild); **ungenießbar.** Junge Samtfußkremplinge werden im ersten Augenblick gern mit dem **Maronenröhrling** (⇨ S. 28) verwechselt.

Kahler Krempling

**Samtfußkrempling** speichert meist viel Wasser

## Leuchtender Ölbaumpilz

*Omphalotus illudens (= O. olearius)*

**Kräftig orangegelbe Farben und herablaufende, dünne Lamellen sind typische Merkmale dieses stark giftigen Pilzes.**

**Hut** bis 20 cm breit, jung flach gewölbt mit eingerolltem, schmalem Rand, älter flacher ausgebreitet, deutlich trichterig, flatterig gewellt, manchmal auch muschelförmig, eingewachsen faserig, glatt, feucht glänzend; kräftig orangegelb, gelbbräunlich oder rostorange, bisweilen gefleckt. **Lamellen** weit herablaufend, dünn, schmal, relativ dicht stehend, mit kürzeren Lamellen untermischt, blassorange bis rötlichbraun, Schneiden rostbräunlich fleckend. **Stiel** bis 15 cm lang, bis 3 cm dick, manchmal exzentrisch, Basis oft zugespitzt, längsstreifig, eingewachsen faserig, hutfarben. **Fleisch** faserig, gelborange, manchmal weißlich marmoriert, in der Stielbasis bräunlich; Geruch und Geschmack süßlich. **Spp.** blassgelb.

**Speisewert** Giftig! 1–2 Stunden nach dem Genuss des Pilzes treten schwere Vergiftungserscheinungen auf, mit Übelkeit, Erbrechen und Kopfschmerzen. Vergiftungen durch diesen Pilz kommen vor allem in südlichen Ländern vor. §

**Vorkommen** Am Fuß lebender Stämme und auf Wurzeln verschiedener Laubbäume, gerne von Eichen, alten Ölbäumen und in Zistrosengebüschen. Vor allem im Mittelmeergebiet weit verbreitet und häufig, in Deutschland sehr selten und auf klimatisch begünstigte Gebiete beschränkt.

**Wissenswert!** Die Lamellen des Ölbaumpilzes besitzen eine sehr charakteristische Eigenart: Sie leuchten im Dunkeln. Fasst man ihn an, verfärben sich danach die Finger schmutzig orangebräunlich.

**Ähnlich** Unerfahrene Pilzsammler verwechseln ihn mit **Pfifferlingen** (⇨ S. 58). Oft wird aber auch der **Falsche Pfifferling** (s. unten) für einen Ölbaumpilz gehalten.

## Falscher Pfifferling

*Hygrophoropsis aurantiaca*

**Feinsamtiger Hut, orangegelbe Farben, dicht stehende, dünne und schmale Lamellen sind gute Kennzeichen. Er wird häufig für einen Pfifferling gehalten.**

**Hut** bis 8 cm breit, gewölbt, später ausgebreitet, mitunter deutlich trichterförmig, Hutrand nach unten gebogen, manchmal auch flatterig, wellig verbogen, trocken, fein samtig bereift, schön orangegelb bis fuchsartig rotbraun. **Lamellen** weit herablaufend, dünn, schmal, dicht stehend, mit kürzeren Lamellen untermischt, oft gegabelt, weich; orange bis fuchsartig rotbraun. **Stiel** bis 6 cm lang, bis 1 cm dick, oft gebogen, feinsamtig, hutfarben. **Fleisch** weich, etwas zäh, biegsam, gelborange getönt; Geruch manchmal schwach krautartig. **Spp.** weiß.

**Speisewert** Ungenießbar. Er verursacht mitunter mehr oder weniger starke Verdauungsbeschwerden.

**Vorkommen** Laub- und Nadelwald, in Nadelstreu, gern auch auf Holzresten, zwischen Reisighaufen und auf morschen und bemoosten Baumstümpfen. Stellenweise sehr häufig.

**Wissenswert!** Von der Gattung der **Afterleistlinge** *Hygrophoropsis* sind insgesamt 4 Arten beschrieben. Ihre Hüte sind feinfilzig, der Hutrand ist jung eingerollt und die Lamellen sind dünn, gegabelt bis leicht aderig. **Spp.** weiß.

**Ähnlich** Wird oft für den **Echten Pfifferling** (⇨ S. 58), aber auch für den oben beschriebenen, giftigen **Ölbaumpilz** gehalten. Der **Samtige Leistling** (⇨ S. 58), im Gegensatz zum Falschen Pfifferling eine Laubwaldart, ist zarter an Gestalt und mehr wachsfarben orange. Der sehr seltene **Duftende Afterleistling** *Hygrophoropsis morganii* hat fleischrosa bis ockergelbe Hutfarben, weißgelbliche Lamellen und riecht aromatisch süßlich nach Fruchtbonbons; er ist ebenfalls **ungenießbar**. §

**Leuchtender Ölbaumpilz** Starker Giftpilz! Verwechslungsgefahr mit Pfifferlingen

**Falscher Pfifferling** Verwechslungsgefahr mit Pfifferlingen

## Großer Schmierling, Kuhmaul

*Gomphidius glutinosus*

**An seinem grauen Hut, dem schleimigen Überzug, der bei jungen Exemplaren den Hut und die Lamellen bedeckt, sowie an der gelben Stielbasis leicht kenntlich.**

**Hut** bis 12 cm breit, fleischig, jung polsterförmig gewölbt, später flacher ausgebreitet, trichterförmig, Rand nach unten gebogen; graubraun mit violetten Tönen, Oberfläche mit dicker, klarer, abziehbarer Schleimschicht überzogen. **Lamellen** herablaufend, relativ weit auseinander stehend, oft gegabelt dicklich, wachsartig weich, jung weiß, später schmutzig rußig grau. **Stiel** bis 9 cm lang, bis 2 cm dick, jung ganz mit Schleim überzogen, beim älteren Pilz mit einer ringförmigen schleimigen Zone, bis unter die Mitte weiß und an der Basis kräftig gelb. **Fleisch** weich, im Hut weiß, in der unteren Stielhälfte gelb; Geruch unbedeutend, Geschmack angenehm mild. **Spp.** schwarz.
**Speisewert** Guter Speisepilz. Schleimigen Überzug vor der Zubereitung entfernen!

**Vorkommen** Mykorrhizapilz in Nadelwäldern, besonders unter Fichten, gern im feuchten Moos und grasigen Stellen. In M.-EU weit verbreitet, stellenweise häufig.
**Wissenswert!** Es empfiehlt sich, den Pilz gleich im Wald zu putzen und die schleimige Schicht abzuziehen. Er schwärzt danach zwar, doch das mindert nicht seinen Speisewert.

**Verwandt** Der **Fleckende Schmierling** *Gomphidius maculatus* ist an Lärchen gebunden und kleiner, zudem seltener zu finden; **essbar. Spp.** schwarz.

## Kupferroter Gelbfuß

*Chroogomphus rutilus*

**Dieser unter Kiefern wachsende Gelbfuß ist durch den feucht schmierigen Hut und, wie der Name schon sagt, durch seine kupferrote Färbung charakterisiert.**

**Hut** bis 10 cm breit, jung etwas kegelförmig, später halbrund abgeflacht, mit mehr oder weniger ausgeprägtem Buckel, eingewachsen faserig, am Rand lange eingerollt, jung mit einem seidigen Schleier mit dem Stiel verbunden; kupferrötlich, braun, oft grau- oder braunorange; feucht deutlich schmierig, trocken kahl und glänzend. **Lamellen** herablaufend, breit, weich, Schneiden glatt; jung blass kupferfarben mit oliven Tönen, später schmutzig grau bis fast schwarz mit violettem Stich. **Stiel** bis 8 cm lang, bis 2 cm dick, schlank, zylindrisch, abwärts verjüngt und oft gebogen; faserig genattert, oben manchmal mit ringartigen Schleierresten, trocken; ein wenig heller als der Hut; voll. **Fleisch** etwas weich; im Hut dick, über den Lamellen dünner; blass orangegelb-ockerlich, stielabwärts kräftiger gelborange; Geruch unbedeutend, Geschmack mild. **Spp.** schwarz.
**Speisewert** Essbar. Das Fleisch verfärbt sich beim Kochen violett.
**Vorkommen** Mykorrhizapilz der 2-nadeligen Kiefern, scheint Kalkböden zu bevorzugen, wächst gelegentlich einzeln, meist aber in Gruppen. Weit verbreitet und stellenweise recht häufig.

**Ähnlich** Der nicht häufige **Filzige Gelbfuß** *Chroogomphus helveticus*, ein Mykorrhizapilz von Nadelbäumen, meist von Fichten, wächst auf rohhumusreichen Böden. Im Gegensatz zum Kupferroten Gelbfuß ist sein Hut trocken und feinfilzig und weist stets eine orangegelbliche Farbe auf; **essbar. Spp.** olivbraun.

**Großer Schmierling, Kuhmaul** typisch: gelbe Stielbasis

**Kupferroter Gelbfuß** Standort beachten!

## Getigerter Sägeblättling

*Lentinus tigrinus*

**Der angedrückt pinselschuppige, wie getigert erscheinende Hut und die dicht stehenden, hellen Lamellen sowie der Standort kennzeichnen diese Art.**

**Hut** bis 10 cm breit, dünnfleischig, flach gewölbt, später abgeflacht bis trichterförmig, Rand etwas nach unten gebogen und im Alter hin und wieder eingerissen, trocken, auf cremeweißlichem bis gelblich weißem Grund braunschwarz faserschuppig, Hutmitte dabei oft etwas flockiger geschuppt. **Lamellen** herablaufend, schmal, weich, Schneiden fein gesägt, jung blass cremefarben, älter gelblich. **Stiel** bis 5 cm lang, bis 1 cm dick, teilweise exzentrisch, schlank, zylindrisch, manchmal abgeflacht, bisweilen verjüngt, wurzelnd, cremeweißlich, Basis bräunlich, feinschuppig, jung mit vergänglicher, faseriger Velumzone. **Fleisch** etwas zäh, im Hut dünn, im Stiel voll; weißlich, etwas gilbend; Geruch obstartig, Geschmack anfangs mild, dann irgendwie kratzend. **Spp.** weiß.

**Speisewert** Ungenießbar. §

**Vorkommen** An Baumstämmen, Stümpfen und abgefallenen Ästen, gern von Erlen und Weiden. In Auwäldern weit verbreitet.

**Wissenswert!** In der Literatur wird bisweilen die Gattung der **Knäuelinge** *Panus* mit glatten Lamellenschneiden und anderen mikroskopischen Merkmalen von der Gattung der **Sägeblättlinge** *Lentinus* abgetrennt.

**Verwandt** Der **Anis-Sägeblättling** *Lentinus suavissimus* riecht angenehm nach Anis und wächst auf Weidenholz; **ungenießbar. Spp.** weiß. §

## Bitterer Zwergknäueling

*Panellus stipticus*

**Zwergknäuelinge werden im Volksmund auch als Muschelseitlinge bezeichnet. Der eine wie der andere Name gibt Aufschluss über das Erscheinungsbild dieser Pilze.**

**Hut** bis 4 cm breit, fächer- bis nierenförmig, jung etwas gewölbt, bald abgeflacht und bisweilen zum Stielansatz hin niedergedrückt, Rand zunächst eingerollt, älter wellig, rillig, dünnfleischig, fein filzig, schuppig-flockig, schwach klebrig; etwas konzentrisch gezont, lederfarben oder blass tonfarben, auch gelbbräunlich. **Lamellen** angewachsen, eng stehend, teilweise gegabelt, am Grund queraderig verbunden, schmutzig gelblich bis hellbräunlich. **Stiel** seitlich angesetzt, kurz, meist oben konisch erweitert, fein kleiig-schuppig, mehr oder weniger hutfarben. **Fleisch** zäh; Geschmack anfangs säuerlich, nach einigen Minuten überaus bitter. **Spp.** weißlich.

**Speisewert** Ungenießbar.

**Vorkommen** An totem Holz von Laubbäumen, vor allem an Eichen und Buchen, seltener an Nadelhölzern. Örtlich häufig.

**Wissenswert!** Der B. Z. ist praktisch das ganze Jahr über zu finden. Trockene Fruchtkörper leben bei Feuchtigkeit wieder auf.

**Ähnlich** ist der **Gelbstielige Muschelseitling** *Sarcomyxa serotinus* (kl. Bild unten), der an Buchen wächst und sehr bitter ist. In der Gattung *Panellus* sind 4 Arten aufgeführt. Der **Milde Zwergknäueling** *P. mitis* wächst an Nadelholz, er ist anfangs weiß, älter gelbbräunlich. Der sehr seltene **Rachenförmige Z.** *P. ringens* wächst vor allem an Weiden, der **Violettblättrige Z.** *P. violaceofulvus* hingegen an Weißtannen. Alle Zwergknäuelinge sind **ungenießbar**.

Getigerter Sägeblättling

Bitterer Zwergknäueling

## Austernseitling
*Pleurotus ostreatus*

**Austernseitlinge sind beliebte Zucht- und Marktpilze.**

**Hut** bis 20 cm breit, muschel- oder halbkreisförmig, glatt, seidenmatt, violettbraun bis schiefergraublau. **Lamellen** herablaufend, teilweise gegabelt, cremefarben. **Stiel** kurz, seitlich stehend, weiß. **Fleisch** weiß; Geruch etwas fischartig. **Spp**. graulila.
**Speisewert** Essbar.
**Vorkommen** An Laubholz, im Herbst und milden Wintern.
**Wissenswert!** In der Gattung sind etwa 10 Arten und Varietäten beschrieben.

## Kräuterseitling
*Pleurotus eryngii*

**Sein Wuchsort ist typisch für diesen wohlschmeckenden Seitling.**

**Hut** bis 15 cm breit, flach gewölbt, oft niedergedrückt, Rand zunächst eingerollt, feinfilzig matt, jung weißlich, älter braungrau. **Lamellen** herablaufend, teilweise gegabelt, weißlich bis grauocker. **Stiel** oft exzentrisch, manchmal fast fehlend, schmutzig weiß. **Fleisch** weißlich. **Spp**. weiß.
**Speisewert** Guter Speisepilz. §
**Vorkommen** Auf den Wurzeln von Doldenblütlern. In S-EU unter Riesenfenchel häufig, oft schon im Frühjahr.

## Gewöhnlicher Orangeseitling *Phyllotopsis nidulans*

**Die orangegelben, muschelförmigen, feinsamtigen Hüte fallen ins Auge.**

**Hut** bis 10 cm breit, halbrund oder muschelförmig, meist seitlich am Substrat angeheftet, Rand jung eingerollt, dünn, feinfilzig-samtig, kräftig orangegelb, trocken verblassend. **Lamellen** schmal, orangerostgelb. **Stiel** nur angedeutet. **Fleisch** elastisch; Geruch kohlartig. **Spp.** blass rosa.
**Speisewert** Ungenießbar, giftverdächtig.
**Vorkommen** In feuchten, montanen Nadelwäldern, gesellig an morschen Fichten-, selten an Laubholzstämmen.

## Ohrförmiger Seitling
*Phyllotus porrigens*

**Die seitlingsartigen, weißen Fruchtkörper sind elastisch-knorpelig.**

**Fruchtkörper** bis 7 cm breit, halbrund, spatel- oder ohrförmig am Substrat angeheftet, flatterig wellig, Rand jung nach unten gebogen, älter scharf, dünn, glatt, weißlich. **Lamellen** einseitig zusammenlaufend, schmal, Schneiden glatt, weiß, später cremefarben. **Fleisch** elastisch. **Spp**. weiß.
**Speisewert** Ungenießbar.
**Vorkommen** In feuchten, montanen Nadelwäldern, meist gesellig und dachziegelartig an morschem, bemoostem Fichtenholz.

## Aniszähling
*Lentinellus cochleatus*

**Die Pilze riechen deutlich nach Anis.**

**Hut** bis 7 cm breit, trichterförmig, oft einseitig halbiert, Rand etwas eingerollt, glatt, feucht braunrötlich. **Lamellen** herablaufend, schmal, Schneiden wie gesägt, weiß bis blass bräunlich. **Stiel** oft exzentrisch, rippig, runzelig gerieft, weiß bis bräunlich. **Fleisch** zäh, elastisch, weiß; Geruch stark anisartig, die Varietät *inolens* ist geruchlos; Geschmack mild. **Spp.** weiß.
**Speisewert** Kein Speisepilz.
**Vorkommen** Meist dicht gedrängt und büschelig an morschem Laub-, selten an Nadelholz.

## Keulenpfifferling, Schweinsohr *Gomphus clavatus*

**Ein kompakter, fleischiger Pilz mit herablaufenden, violettlichen Leisten.**

**Fruchtkörper** bis 10 cm breit u. hoch, kreiselförmig, abgestutzt keulenförmig, ockergelblich, violettlich. **Leisten** weit herablaufend, gabelig verbunden, **Fleisch** weißlich, wässrig marmoriert. **Spp**. ockerbraun.
**Speisewert** Guter Speisepilz. §
**Vorkommen** In montanen bis subalpinen Nadelwäldern, oft in Reihen und Ringen.
**Wissenswert!** Der Keulenpfifferling ist sehr stark zurückgegangen, an manchen Standorten sogar verschollen.

Austernseitling

Kräuterseitling

Gewöhnlicher Orangeseitling

Ohrförmiger Seitling

Aniszähling

Keulenpfifferling, Schweinsohr

## Echter Pfifferling

*Cantharellus cibarius*

**Die unregelmäßig trichterförmigen Fruchtkörper fallen im Wald bereits von weitem durch ihre Gelbfärbung auf. Pfifferlinge besitzen keine Lamellen, man spricht hier von Leisten.**

**Hut** bis 10 cm breit, jung gewölbt, bald unregelmäßig trichterförmig, Rand mehr oder weniger wellig verbogen, glatt matt, dottergelb, hin und wieder heller oder auch nur sehr blass gelblich gefärbt. **Leisten** herablaufend, unregelmäßig, wellig, gegabelt, am Grund queraderig verbunden, wie der Hut gefärbt. **Stiel** bis 6 cm lang, bis 2 cm dick, voll, oben konisch erweitert, in den Hut übergehend, blassgelb. **Fleisch** kompakt, im Stiel ziemlich faserig, blassgelb; Geruch kräftig würzig, Geschmack mild bis leicht pfefferig scharf. **Spp.** blass gelblich-orange.

**Speisewert** Essbar, bekannter Speisepilz. Wegen seines würzigen Geschmacks vielseitig verwendbar; getrocknet und zerrieben als Pilzpulver verwendbar.

**Vorkommen** Mykorrhizapilz in Laub- und Nadelwäldern, in Laub- und Nadelstreu, an moosigen und grasigen Stellen, gern zwischen Heidelbeeren. Weit verbreitet, mancherorts rückläufig.

**Wissenswert!** Eine Unsitte ist es, winzige, kaum 1 cm große Pilzchen auszureißen. Jedes Jahr kommen etliche Tonnen dieses klassischen Speisepilzes auf den Markt, die meisten aus dem Ausland. Die Züchtung des E. P. und seiner Verwandten ist nicht möglich, da alle Pfifferlingsarten Mykorrhizapilze sind und mit Bäumen in Symbiose leben.

**Ähnlich** Der **Rötende Pfifferling** *C. cibarius* var. *rufipes* ist nur in wärmebegünstigten Laubwäldern auf kalkhaltigen Böden zu finden; **essbar**.

## Amethystpfifferling

*Cantharellus cibarius* var. *amethysteus*

**Durch seine violettlichen bis rötlich lilafarbenen Schüppchen auf der Hutoberfläche und den blasslila überhauchten Stiel vom Echten Pfifferling gut zu unterscheiden.**

**Hut** bis 10 cm breit, jung gewölbt, bald aber unregelmäßig trichterförmig, Rand mehr oder weniger wellig verbogen, glatt matt, auf fahl hellgelbem Grund dicht mit anliegenden, filzigen, violettlichen oder rötlich lilafarbenen Schüppchen bedeckt. **Leisten** weit herablaufend, wellig, unregelmäßig auseinander stehend, gegabelt, oft queraderig verbunden, heller gelb. **Stiel** bis 6 cm lang, bis 2 cm dick, voll, oben konisch erweitert, hellgelb, gänzlich oder teilweise mit einer blasslila Filzschicht überzogen. **Fleisch** kompakt, im Stiel ziemlich faserig, blassgelb; Geruch kräftig würzig, Geschmack mild bis leicht scharf. **Spp.** blass gelblich-orange.

**Speisewert** Guter Speisepilz.

**Vorkommen** Mykorrhizapilz, vorwiegend in montanen Laub- und Nadelwäldern, gern auf lehmigen Böden, in feuchter, nackter Erde, aber auch in niedrig verkrauteten oder bemoosten Wäldern.

**Wissenswert!** In der Gattung der **Leistlinge** *Cantharellus* sind 10 Arten beschrieben. Es befinden sich keine Giftpilze darunter.

**Ähnlich** Der **Samtige Leistling** *Cantharellus friesii* ist zarter beschaffen und deutlich orange gefärbt. Er wächst auf nährstoffarmen, sauren Böden in Laubwäldern; **essbar**. **Spp.** hellocker. §

**Echter Pfifferling** jung mit dem giftigen Orangefuchsigen Raukopf (⇨ S. 128) verwechselbar

**Amethystpfifferling**

## Trompetenpfifferling

*Cantharellus tubaeformis*

**Der trichterförmige Pilz mit dem oft wellig verbogenen, bräunlichen Hut, ist innen hohl. Er wächst oft in großer Zahl an einem Fundort.**

**Hut** bis 6 cm breit, jung gewölbt, zentral genabelt, bald tief trichterförmig und in der Mitte in den Stiel hinein durchbohrt, Rand mehr oder weniger wellig-flatterig verbogen, etwas feinfaserig-schuppig; gelbbraun bis graugelblich, manchmal auch reiner gelb. **Leisten** herablaufend, weit auseinander stehend, unregelmäßig, wellig, gegabelt, gelblich, graugelblich bis orangefarben. **Stiel** bis 8 cm lang, bis 1 cm dick, oben konisch erweitert, manchmal flachgedrückt, hohl, in der Regel kräftig gelb. **Fleisch** dünn, weißlich; Geruch unbedeutend. **Spp.** weiß.
**Speisewert** Dieser Pilz wird oft nicht beachtet, obwohl er ein recht guter Speisepilz ist.
**Vorkommen** Mykorrhizapilz in Nadel- und Laubwäldern auf sauren Böden, bevorzugt in feuchten, montanen Nadelwäldern, gern gesellig im Moos an moorigen Stellen. Weit verbreitet und gebietsweise sehr häufig.

**Ähnlich** **Starkriechender Pfifferling** *Cantharellus xanthopus* (früher *C. lutescens*), Hut trompetenförmig, lebhaft gelb bis orangebraun; Unterseite undeutlich aderig-runzelig (nicht leistenartig!); Fleisch gelblich mit angenehm fruchtartigem Geruch; ähnlicher Standort wie der Trompetenpfifferling; **essbar**. **Spp.** weiß.

## Totentrompete

*Craterellus cornucopioides*

**Der Pilz zeigt nicht die gewohnte Gliederung in Hut und Stiel, sondern bildet einen kompletten, nach unten meist spitz zulaufenden Trichter, eben wie eine Trompete.**

**Hut** bis 10 cm breit und hoch, tief trichterförmig und in der Mitte in den Stiel hinein hohl, ziemlich dünnfleischig, Rand mehr oder weniger wellig-flatterig verbogen, eingewachsen feinfaserig bis fast samtig-schuppig, graubraun bis schwarzbraun. **Unterseite** beinahe glatt erscheinend, ein wenig runzelig oder undeutlich längsaderig, braungrau bis aschgrau, älter schwärzlich. **Stiel** kurz, oben konisch erweitert, in den Hut übergehend, hohl, wie der Hut gefärbt. **Fleisch** sehr dünn, zerbrechlich, grau bis grauschwarz; Geschmack mild, etwas würzig. **Spp.** weiß.
**Speisewert** Essbar, sowohl für Einzel- wie für Mischgerichte geeignet. Getrocknet und zerrieben (zermahlen) ergeben die Fruchtkörper ein würziges Pilzpulver.
**Vorkommen** Mykorrhizapilz in Laubwäldern, besonders unter Buchen und Eichen, auf kalkhaltigen Böden, oft in großer Zahl in der Laubstreu.

**Ähnlich** Der **Graue Pfifferling** *Cantharellus cinereus* ist ebenso dunkel gefärbt wie die Totentrompete, seine Hutunterseite trägt aber lamellenähnliche Leisten; **essbar**. **Spp.** weiß.
Der seltene **Krause Leistling** *Pseudocraterellus undulatus* (= *P. sinuosus*)(kl.Bild), ist kleiner und vollfleischig; **essbar**. §

Trompetenpfifferling

Totentrompete

## Semmelstoppelpilz

*Hydnum repandum*

**Durch die semmelgelbe bis orangegelbe Farbe und die weißen bis cremefarbenen Stacheln auf der Hutunterseite charakterisiert. Kann von oben wie ein Pfifferling aussehen.**

**Hut** bis 15 cm breit, kompakt, festfleischig, jung gewölbt, bald aber unregelmäßig ausgebreitet, verbogen, matt, feinfilzig, gerunzelt-höckerig, Rand wellig eingebogen, blassgelb bis semmelgelb oder hell orangegelb. **Stacheln** ungleichmäßig lang, dicht beieinander stehend, vom Hut ablösbar, leicht absplitternd, weißgelblich, etwas gilbend bräunend. **Stiel** bis 8 cm lang, bis 3 cm unregelmäßig dick, voll, oben manchmal erweitert, schmutzig weißgelblich, ein wenig bräunend. **Fleisch** kompakt, fest, brüchig, weißlich; Geruch schwach fruchtig, Geschmack mild, aber auch scharf. **Spp.** weiß.

**Speisewert** Jung zu Mischgerichten geeignet, ältere Pilze sind bitter; getrocknet und zerrieben als würziges Pilzpulver verwendbar.

**Vorkommen** Mykorrhizapilz in Laub- und Nadelwäldern, auf mehr oder weniger kalkhaltigen Böden. Im N von D nur vereinzelt vorkommend.

**Wissenswert!** Der S. gehört wie der Habichtspilz zur großen Ordnung der **Nichtblätterpilze** *Aphyllophorales* und hier zur Familie der weißsporigen **Stachelpilze** *Hydnaceae*.

In der Gattung der **Stoppelpilze** *Hydnum* sind insgesamt 3 Arten beschrieben, die man auch nur als Varietäten ansehen könnte. Alle sind **essbar**. **Spp.** weiß.

**Ähnlich** Der **Rotgelbe Stoppelpilz** *H. repandum* var. *rufescens* (kl. Bild) ist stärker orangerötlich getönt und wächst nur in Nadelwäldern; **essbar**. Der **Weiße Stoppelpilz** *H. albidum* ist in Kalkbuchenwäldern verbreitet; **essbar**.

## Habichtspilz

*Sarcodon imbricatus*

**Der oft abstehend grobenschuppige, braune Hut und die stachelartig ausgebildete Fruchtschicht sind typisch.**

**Hut** bis 30 cm breit, jung gewölbt, älter leicht trichterförmig, Rand oft wellig eingebogen, typisch grobfelderig, abstehend schuppig; rehbraun bis dunkelbraun, alt fast schwarzbraun. **Stacheln** ungleichmäßig lang, dichtstehend, vom Hut ablösbar, bei Berührung leicht absplitternd, jung blass weißbräunlich, älter graubraun bis braun. **Stiel** kurz und kräftig, bis 8 cm lang, bis 2,5 cm dick, voll; schmutzig weißbräunlich, etwas bräunend. **Fleisch** fest, brüchig, weißlich, bräunlich anlaufend; Geruch leicht angenehm würzig, Geschmack mild bis bitter. **Spp.** braun.

**Speisewert** Er eignet sich nur jung zu Mischgerichten, älter ist er bitter. Getrocknet und zerrieben ein würziges Pilzpulver. §

**Vorkommen** Mykorrhizapilz montaner Nadelwälder, auf mehr oder weniger sauren Böden, In tieferen Lagen nur vereinzelt vorkommend.

**Wissenswert!** Die braunsporige Gattung der **Stachelinge** *Sarcodon* gehört mit 15 Arten zur Familie der **Warzenpilze** *Thelephoraceae*, zu denen auch der korallenartig aussehende **Stinkende Warzenpilz** (⇨ S. 160) gezählt wird. Alle **Spp.** braun.

**Ähnlich** Der seltene **Gallenstacheling** *S. scabrosus* sieht dem Habichtspilz sehr ähnlich, weist aber eine blaugrüne Stielbasis auf und wächst in Laubwäldern. Er riecht mehlartig und schmeckt überaus bitter; **ungenießbar**. §

Der **Scharfe Korkstacheling** *Hydnellum peckii* (kl. Bild) scheidet typische rote, wässrige Tropfen aus. Sehr scharf; **ungenießbar**. **Spp.** braun. §

Semmelstoppelpilz

**Habichtspilz** ein Stachelpilz mit würzigem Geschmack

## Gelbfleischiger Granatsaftling

*Hygrocybe splendidissima*

**Scharlachrote Farben, mehr oder weniger orange Lamellen, ein fast glatter Stiel und gelbes Fleisch kennzeichnen diesen schönen Saftling.**

**Hut** bis 10 cm breit, fast kegelförmig, älter flach gewölbt, stumpf buckelig, Rand oft unregelmäßig nach oben gezogen, trocken oft eingerissen, matt glänzend, lebhaft scharlachrot bis karminrot, ausblassend. **Lamellen** aufsteigend bis ausgebuchtet oder nahezu frei, breit, stark bauchig, untermischt, jung rosa, älter orange bis rotorange, Schneiden uneben, leicht gesägt, gelblich. **Stiel** bis 10 cm lang und 2 cm dick, manchmal unregelmäßig aufgeblasen oder zusammengedrückt, Basis bisweilen zugespitzt, eingewachsen faserig, aber doch relativ glatt, lebhaft gelborange bis rot, abwärts stärker gelb. **Fleisch** dünn, im Stiel stark faserig ausgestopft, im Hut rötlich, im Stiel hellgelborange; Geruch beim Trocknen honigartig, frisch manchmal fehlend. **Spp.** weiß.

**Speisewert** Saftlinge sind generell für Speisezwecke ungeeignet. §

**Vorkommen** Auf naturbelassenen Wiesen und Weiden, Streuwiesen im Bereich von Mooren und kurzgrasigen Heideflächen, in submontanen bis montanen Lagen.

**Wissenswert!** Die Gattung der **Saftlinge** *Hygrocybe*, umfasst rund 70, meist farbenfrohe Arten; alle mit wachsartigen Lamellen; Fleisch bei einigen Arten schwarz oder rot verfärbend. Die Abgrenzung der einzelnen Arten ist ohne Studium der Mikromerkmale oft nicht möglich. Durch zunehmende Zerstörung der naturnahen Lebensräume sind sie insgesamt stark gefährdet. **Spp.** weißlich.

**Ähnlich** ist der **Große Saftling** (⇨ unten), der an gleichartigen Standorten vorkommt, jedoch größer wird und einen stärker faserigen Stiel sowie mehr weißliches, geruchloses Fleisch hat.

## Großer Saftling

*Hygrocybe punicea*

**Dieser stattliche rote Pilz kann leicht mit dem Gelbfleischigen Granatsaftling (⇨ oben) verwechselt werden.**

**Hut** bis 13 cm breit, glockig, älter flach gewölbt, stumpfbuckelig, glatt, etwas schmierig, leuchtend granatapfelrot, blutrot bis dunkelrot mit bräunlichen Tönen. **Lamellen** angeheftet bis fast frei, breit, stark bauchig, mit verschieden langen Lamellen untermischt, hellgelb-orangebräunlich, Schneiden fast glatt, heller, gelblich. **Stiel** bis 12 cm lang, 3 cm dick, zylindrisch, trocken, eingewachsen dunkler faserig, gelb, orange-gelb bis orangerot, Basis weißlich. **Fleisch** brüchig, weiß bis hellgelb, unter der Hut- und Stielhaut etwas rötlich durchfärbt; Geruch unbedeutend. **Spp.** weiß.

**Speisewert** Kein Speisepilz.§

**Vorkommen** Auf naturbelassenen Wiesen, Weiden und Streuwiesen im Bereich von Kalkflachmooren und Halbtrockenrasen. Nur zerstreut vorkommend.

## Kegeliger Saftling

*Hygrocybe conica*

**Dieser Pilz gehört zu den häufigsten Saftlingen. An seiner schwarzen Verfärbung ist er gut zu erkennen.**

**Hut** bis 6 cm breit, stumpf bis spitzkegelig, eingewachsen faserig, feucht glatt, etwas schmierig; orangerot, gelb oder olivbraun gefärbt, schwärzend. **Lamellen** frei bis schmal angeheftet, jung weiß, älter gelblich, graugrüngelblich, dann schwarz. **Stiel** 10 cm lang, bis 1,5 cm dick, erst schmierig, trocken eingewachsen faserig, gelb oder orange, älter schwarz. **Fleisch** brüchig, weiß, unter der Hut- und Stielhaut etwas gelblich, schwärzend. **Spp.** weiß.

**Speisewert** Schwach giftig .

**Vorkommen** Naturbelassene Flächen, grasige Dünen und Wälder, auch in Nadelstreu. Vom Flachland bis in subalpine Bereiche.

**Ähnlich** Einige Varietäten sind beschrieben; der **Schwärzende S.** *H. nigrescens* zählt dazu.

**Gelbfleischiger Granatsaftling** Saftlinge sind keine Speisepilze!

**Großer Saftling**

**Kegeliger Saftling** ☠

## Honigsaftling

*Hygrocybe reidii*

**An seiner Stielbasis kann man einen honigartigen Geruch wahrnehmen.**

**Hut** bis 5 cm breit, fast genabelt, Rand durchscheinend gerieft, lappig kraus, orangerot, Rand gelblich. **Lamellen** bogig bis kurz herablaufend, wachsgelb, hell orangefarben bis orangegelb, Schneiden blassgelb. **Stiel** bis 8 cm lang, schlank, hutfarben, seidig glänzend. **Fleisch** blass orangegelblich; Geruch, süßlich, kunsthonigartig. **Spp.** weiß.
**Speisewert** Kein Speisepilz. §
**Vorkommen** Streuwiesen, Kalkflachmoore, grasige Dünen; bis in die alpine Stufe.

## Menningroter Saftling

*Hygrocybe miniata*

**Relativ kleine Pilze mit leuchtend roten Farben und angewachsenen Lamellen.**

**Hut** bis 5 cm breit, gewölbt bis flachgewölbt, Mitte später etwas niedergedrückt, trocken, kräftig rot, gelblich feinschuppig. **Lamellen** ausgerandet bis kurzzahnig angewachsen, orangegelblich, Schneiden uneben, gelb. **Stiel** bis 5 cm lang und 0,5 cm dick, sehr schlank, rötlich gelb, matt glänzend. **Fleisch** gelblich. **Spp.** weiß.
**Speisewert** Kein Speisepilz. §
**Vorkommen** Auf naturbelassenen Wiesen, in offenen, grasigen Wäldern und Dünen.

## Papageigrüner Saftling

*Hygrocybe psittacina*

**An seinen kräftig blaugrünen Farben erkennbar. Älter stark verblassend.**

**Hut** bis 4 cm breit, oft stumpf gebuckelt, stark schmierig, Rand durchscheinend gerieft, Farben variabel, dunkel olivgrün, blaugrün oder gelborange, trocken ausblassend. **Lamellen** angeheftet, hutfarben. **Stiel** bis 6 cm lang, schlank, klebrig, hutfarben. **Fleisch** glasig-wässrig. **Spp.** weiß.
**Speisewert** Kein Speisepilz, giftverdächtig.
**Vorkommen** In Halbtrockenrasen auf Kalk, in Mager- und Buckelwiesen, Dünen und lichten Wäldern; bis in die alpine Stufe.

## Schnürsporiger Saftling

*Hygrocybe quieta*

**Der typische Geruch dieses gelben Saftlings ist bei der Bestimmung hilfreich.**

**Hut** bis 8 cm breit, meist stumpf gebuckelt, feucht etwas schmierig, zitronengelb-orange. **Lamellen** angewachsen, orange. **Stiel** bis 9 cm lang, schlank, trocken, eingewachsen faserig, hutfarben. **Fleisch** gelborange; Geruch seifig-zichorienartig. **Spp.** weiß.
**Speisewert** Kein Speisepilz. §
**Vorkommen** In lichten Laubwäldern auf Kalk, grasigen Stellen, gern unter Hasel.
**Wissenswert!** Eine sichere Bestimmung ist nur mikroskopisch möglich.

## Zäher Saftling

*Hygrocybe laeta*

**Ein Saftling mit stark schmierigem Hut, grauer Stielspitze und Gummigeruch.**

**Hut** bis 5 cm breit, etwas genabelt, feucht stark schmierig, durchscheinend gerieft; fleischrosa bis blass braunorange. **Lamellen** herablaufend, Schneiden gelatinös, blass grauviolett. **Stiel** bis 6 cm lang, schlank, stark klebrig, blassgelb, Spitze blaugrau bis grünlich. **Fleisch** glasig; Geruch nach angebranntem Gummi. **Spp.** weiß.
**Speisewert** Kein Speisepilz. §
**Vorkommen** Mager- und Buckelwiesen, Moorränder, grasige Dünen, lichte Wälder.

## Dattelbrauner Ellerling

*Hygrocybe colemanniana*

**Mittelgroßer Saftling mit dunkelbraunem Hut, hellen Lamellen und Stiel.**

**Hut** bis 5 cm breit, fettig-glatt, Rand schwach gerieft, braun bis rotbräunlich. **Lamellen** mit Zähnchen herablaufend, wachsartig, weißlich bis bräunlich **Stiel** bis 5 cm lang, schlank, glatt bis leicht faserig, cremefarben. **Fleisch** weißgrau. **Spp.** weiß.
**Speisewert** Kein Speisepilz. §
**Vorkommen** Halbtrockenrasen, Streuobstwiesen, gern auf Kalkböden. Herbstpilz.
**Wissenswert!** Die Art ist nach den meisten Autoren identisch mit *C. subradiatus*.

Honigsaftling

Menningroter Saftling

Papageigrüner Saftling

Schnürsporiger Saftling

Zäher Saftling

Dattelbrauner Ellerling

## Märzschneckling, Schneepilz

*Hygrophorus marzuolus*

**Dieser Schneckling ist bereits im Frühjahr zu finden. Oft sind seine weißgrauen bis grauschwarzen Hüte mit Substrat überdeckt und er ist schwer zu entdecken.**

**Hut** bis 20 cm breit, dickfleischig, gewölbt, älter flacher, manchmal etwas niedergedrückt, oft verbogen, glatt bis eingewachsen faserig-filzig, feucht etwas klebrig; fleckig weiß bis grauschwarz gefärbt. **Lamellen** angewachsen, wachsartig dick, bisweilen am Grund aderig verbunden, jung weiß, älter schmutzig grau. **Stiel** bis 8 cm lang, bis 3 cm dick, oft sehr kurz, fest, voll, anfangs weiß, manchmal grau überhaucht. **Fleisch** fest; weiß, unter der Huthaut grau durchgefärbt. **Spp.** weiß.
**Speisewert** Essbar, guter Speisepilz. §
**Vorkommen** MP in Laub- und Nadelwäldern, gern unter Weißtannen, auf neutralen bis sauren Böden, oft in kleinen Gruppen, vorzugsweise in Mittelgebirgslagen.
**Wissenswert!** Der M. wächst oft schon während der Schneeschmelze, hin und wieder sogar in Wärmeperioden des Winters, manchmal auch erst zum Laubaustrieb. Er bildet seine Fruchtkörper im tiefen Rohhumus aus und erscheint oft nur wenig an der Oberfläche oder bleibt gar mit Humus bedeckt.

**Ähnlich** Der etwas kleinere **Graubraune Schneckling** *H. camarophyllus*, eine seltene Art montaner Nadelwälder, erscheint im Herbst; **essbar.** §

**Verwandt** Der **Orangeschneckling** *H. pudorinus* (kl. Bild) wächst einzig unter Weißtannen, und zwar auf lehmig-kalkhaltigen Böden; **bedingt essbar.** §

## Braunscheibiger Schneckling

*Hygrophorus discoideus*

**Durch die warmen Brauntöne und die dunkler gefärbte Hutmitte sowie die etwas herablaufenden Lamellen und den Standort in Nadelwäldern gut erkennbar.**

**Hut** bis 6 cm breit, relativ dünnfleischig, halbkugelig bis flach gewölbt mit breitem, stumpfem Buckel, feucht schmierig-schleimig, trocken glatt; beige bis ockerbräunlich, Mitte stets dunkler gefärbt, Rand heller beige, etwas heruntergebogen, jung durch schleimiges Velum mit dem Stiel verbunden. **Lamellen** angewachsen bis etwas herablaufend, untermischt, wachsartig dick, cremefarben bis beige. **Stiel** bis 5 cm lang, bis 1 cm dick, bisweilen verbogen, klebrig, oben weißlich punktiert, abwärts oft cremefarben bräunlich. **Fleisch** cremefarben. **Spp.** weiß.
**Speisewert** Essbar.
**Vorkommen** Mykorrhizapilz der Fichte, in feuchten, montanen Nadelwäldern, an moosigen Stellen, auf kalkhaltigen Böden. In Süddeutschland gebietsweise häufig.

**Wissenswert!** Die Gattung der **Schnecklinge** *Hygrophorus*, etwa 45 Arten, ist durch schleimig-schmierige Hüte, angewachsene bis herablaufende, dicke wachsartige Lamellen gekennzeichnet. **Spp.** weiß.

**Ähnlich** ist der **Dunkelscheibige Fälbling** *Hebeloma mesophaeum*, jedoch hat dieser blassbraune Lamellen und braunes Sporenpulver. Er ist **ungenießbar**. Weitere Fälblinge ⇨ S. 124.

**Verwandt** Der **Natternstielige Schneckling** *H. olivaceoalbus* (kl. Bild) ist ein schmächtiger Pilz, der im Herbst in moosreichen Fichtenwäldern wächst; **essbar.**

Märzschneckling, Schneepilz typischer Frühjahrspilz, oft in der Erde versteckt

Braunscheibiger Schneckling

## Violetter Lacktrichterling

*Laccaria amethystea*

**Die meist zahlreich wachsenden Pilze fallen durch ihre frisch blauvioletten Farben auf. Bei Trockenheit können die Fruchtkörper aber fast völlig entfärben.**

**Hut** bis 5 cm breit, dünnfleischig, halbkugelig, dann flach gewölbt mit vertiefter Mitte, beinahe genabelt, feucht fast glatt, trocken faserig oder auch filzig-schuppig; jung kräftig violett, älter bräunlich violett, bei Trockenheit sehr hell ausbleichend. **Lamellen** angewachsen, untermischt, relativ weit auseinander stehend, etwas dick, violett, im Alter vom Sporenpulver weiß bestäubt. **Stiel** bis 10 cm lang und 1 cm dick, schlank, bisweilen verbogen, längsfaserig, hohl, hutfarben. **Fleisch** dünn, blassviolett; Geruch und Geschmack unbedeutend. **Spp.** weiß.

**Speisewert** Essbar, für Mischgerichte geeignet, aufgrund seiner violetten Farbe attraktiv.

**Vorkommen** In Laub- und Nadelwäldern, auf kalkhaltigen bis sauren Böden, gerne im Moos oder auf modrigem Holz. Häufig.

**Wissenswert!** Bei der Gattung der **Lacktrichterlinge** *Laccaria*, etwa 10 Arten, handelt es sich um kleine bis mittelgroße, dünnfleischige, rötlich bis violett gefärbte Pilze mit trockenen, kahlen bis feinschuppigen Hüten, angewachsenen, entfernt stehenden, dicklichen Lamellen; alle Arten gelten als essbar. **Spp.** weiß.

**Verwandt** Der **Rötliche Lacktrichterling** *L. laccata* kommt von der Meeresküste bis in die Alpen häufig vor; **essbar**.

## Anistrichterling

*Clitocybe odora*

**Durch seine graugrünen Farben und sein intensives Anisaroma sowie sein bevorzugtes Vorkommen in Laubstreu ist der Anistrichterling gut bestimmbar.**

**Hut** bis 10 cm breit, anfangs halbkugelig, dann flach gewölbt mit schwachem Buckel, Rand leicht eingerollt, manchmal wellig verbogen, glatt, matt seidig glänzend; einheitlich kräftig blau bis graugrün, älter stark ausblassend. **Lamellen** angewachsen bis kurz herablaufend, mit kürzeren Lamellen untermischt, teilweise gegabelt, jung weißlich, älter graugrünlich. **Stiel** bis 7 cm lang und 1 cm dick, Basis bisweilen angeschwollen und filzig, blass hutfarben. **Fleisch** weich, weiß bis blass blaugrünlich; Geruch und Geschmack stark anisartig. **Spp.** cremefarben.

**Speisewert** Bedingt essbar.

**Vorkommen** In Laubwäldern, seltener in reinen Nadelwäldern, vor allem auf kalkhaltigen Böden, gerne in dichter Laubstreu. Fast überall häufig.

**Wissenswert!** Die Gattung der **Trichterlinge** *Clitocybe* enthält in EU etwa 77 Arten; es sind kleine bis große Fruchtkörper mit trichterförmigen Hüten, meist herablaufenden, seltener gerade angewachsenen Lamellen; manche Arten gelten als **essbar**, einige sind **stark giftig**. **Spp.** weiß, cremefarben, rosa oder grünlich.

**Verwandt** Der **Mönchskopf** *C. geotropa* ist eine sehr langstielige, große Art, in Laub- und Nadelwäldern; **bedingt essbar**.

**Violetter Lacktrichterling** typisch: violette Farben

**Anistrichterling** typisch: Anisgeruch

## Nebelgrauer Trichterling

(🍴)

*Clitocybe nebularis*

**Dieser relativ große Pilz ist an seinem fleischigen, graubraunen Hut mit den weißen, leicht ablösbaren Lamellen gut zu erkennen.**

**Hut** bis 20 cm breit, gewölbt, später flacher ausgebreitet, älter manchmal niedergedrückt, glatt, matt seidig glänzend, bräunlich-aschgrau, selten reinweiß. **Lamellen** angewachsen oder kurz herablaufend, mit kürzeren Lamellen untermischt, dicht stehend, vom Hut ablösbar, jung weißlich, älter cremefarben. **Stiel** bis 15 cm lang, bis 5 cm dick, zylindrisch bis keuligt voll, blass graubraun, längsfaserig. **Fleisch** kompakt, älter weich, weißlich; Geruch unangenehm süßlich, auch schwach gasartig, bisweilen fehlend. **Spp.** cremefarben.

**Speisewert** Gründlich gekocht essbar. Von manchen Menschen wird der Pilz aber nicht vertragen; über Verdauungsstörungen wird immer wieder berichtet.

**Vorkommen** Laub- und Nadelwälder, Parkanlagen und Gärten, oft gesellig, in Reihen oder Ringen wachsend. Überall häufig. Typischer Spätherbstpilz.

**Ähnlich** Der **Buchsblättrige T.** *C. alexandri* zeichnet sich durch eher schmutzig kartonbraune Farben aus. Er wächst in wärmebegünstigten, grasigen Laubwäldern; **essbar.** §
Der **Keulenfußtrichterling** *C. clavipes* (kl. Bild) hat einen flach trichterförmigen, braungrauen Hut, cremegelbe Lamellen und einen typisch keulenförmigen Stiel. Er ist in Laub- und Nadelwäldern auf sauren Böden häufig; **ungenießbar.**

## Feldtrichterling

☠

*Clitocybe dealbata*

**Dieser giftige Trichterling steht gern in Rasenflächen. Sein ockerbräunlicher Hut ist reifartig weiß überzogen, das Fleisch riecht nach nassem Mehl.**

**Hut** bis 6 cm breit, flach gewölbt, dann ausgebreitet, trichterförmig niedergedrückt, feucht glatt, trocken seidig-matt, feucht ockerlich, weißlich bereift, trocken heller weiß, oft firnissartig glänzend. **Lamellen** kaum herablaufend, mit kürzeren Lamellen untermischt, dicht stehend, weiß-creme. **Stiel** bis 5 cm lang, schlank, manchmal etwas flachgedrückt, voll; längsfaserig, hutfarben. **Fleisch** wässrig weich, feucht hellocker-bräunlich, trocken blasser; Geruch mehlig-spermatisch. **Spp**. weiß.

**Speisewert** Sehr giftig! Bereits kurz nach der Pilzmahlzeit typische Symptome einer Muscarin-Vergiftung, u. a. mit starkem Schweißausbruch, Speichel- und Tränenfluss, Erbrechen, Durchfall, Sehstörungen, verringertem Blutdruck und verlangsamtem Puls.

**Vorkommen** In grasigen Parkanlagen und Gärten, gerne auf nährstoffreichen Böden.

**Ähnlich** Der essbare **Mehlräsling** (⇨ S. 94) unterscheidet sich durch rosafarbene Lamellen. Verwechslungen sind mit anderen weißen Trichterlingen möglich, die alle giftig oder giftverdächtig sind, so auch der **Wachsstielige T.** *C. candicans*, der in Laub- und Nadelwäldern wächst.
Der **Laubfreund-T.** *C. phyllophila* (kl. Bild), der mehlig-spermatisch riecht, ist wachsartig weiß mit gelblichen Flecken; **giftig!**

**Nebelgrauer Trichterling** ein typischer Spätherbstpilz

**Feldtrichterling** Starker Giftpilz!

## Fuchsiger Röteltrichterling

*Lepista inversa*

**Die mittelgroßen, in der Hutmitte niedergedrückten, fuchsig braunen Fruchtkörper fallen durch das meist gesellige, oft ringförmige Wachstum auf.**

**Hut** bis 10 cm breit, gewölbt, Rand nach unten gebogen, später flacher mit niedergedrückter Mitte bis tief trichterförmig, matt, fuchsigbraun, gelbbraun bis ockerfarben getönt, trocken heller ausblassend. **Lamellen** herablaufend, eng stehend, untermischt, vom Hut ablösbar, jung weißlich, älter cremefarben bis fleischrosa. **Stiel** bis 7 cm lang, bis 1 cm dick, heller als der Hut, Basis weißfilzig mit dem Substrat verwachsen. **Fleisch** weißlich, ziemlich zäh, cremefarben; Geruch schwach süßlich. **Spp**. cremefarben.

**Speisewert** Essbar, von Unverträglichkeitsreaktionen nach dem Genuss wird aber vereinzelt berichtet.

**Vorkommen** In Laubwäldern in der Laubstreu, aber auch in reinen Nadelwäldern in der Nadelstreu, meist gesellig, in Reihen oder in Ringen, seltener auch einzeln wachsend. Weit verbreitet und häufig.

**Ähnlich** Der ähnlich gefärbte **Gebuckelte Trichterling** *Clitocybe gibba* hat in der Hutmitte meist einen Buckel; **bedingt essbar**. Der **Wasserfleckige R.** *L. gilva* ist kompakter und blasser gefärbt sowie durch wässrige, tropfenartige Flecken in der Huthaut gekennzeichnet; **bedingt essbar**. Zwischen den beiden Arten gibt es viele Übergänge. Oft werden Laub- und Nadelwaldformen unterschieden.

## Violetter Rötelritterling

*Lepista nuda*

**Nicht immer weist dieser Pilz seine typische, kräftig violette Farbe auf. Oft sind die Fruchtkörper auch ausgeblasst.**

**Hut** bis 15 cm breit, gewölbt, Rand nach unten gebogen, später abgeflacht, kahl, feucht etwas speckig, kräftig violettblau bis braunviolett, trocken verblassend. **Lamellen** ausgebuchtet, relativ eng stehend, mit kürzeren Lamellen untermischt, jung schön violett, älter lilabräunlich. **Stiel** bis 10 cm lang, bis 3 cm dick, schlank, auch keulig bis stark knollig, längsfaserig, heller hutfarben, Basis violettfilzig. **Fleisch** jung violett, feucht marmoriert, älter blasser; Geruch auffällig aromatisch, wie parfümiert. **Spp.** cremerosa.

**Speisewert** Essbar, der parfümierte Geruch verliert sich beim Kochen.

**Vorkommen** Laub- und Nadelwälder, Parkanlagen, Gärten und Gebüschen, oft in Reihen oder Ringen. Spätherbstpilz.

**Wissenswert!** Die **Rötelritterlinge** *Lepista*, rund 10 Arten, unterscheiden sich von den Trichterlingen und Ritterlingen u. a. durch fein- bis grobwarzige Sporen. **Spp.** cremerosa bis rosabräunlich.

**Ähnlich** Nur Unerfahrene verwechseln den Violetten Rötelritterling mit dem **Dunkelvioletten Schleierling** (⇨ S. 128), dessen Hut aber grob wildlederartig und filzig ist; sein **Spp.** ist rostbraun.
Der **Schmutzige R.** *L. sordida* (kl. Bild) ist kleiner und dünnfleischiger und hat einen schwächeren Geruch; **essbar**.

**Fuchsiger Röteltrichterling** wächst häufig in Ringen und Reihen

**Violetter Rötelritterling** hat violettes Fleisch

## Purpurfilziger Holzritterling

*Tricholomopsis rutilans*

**Ein purpurroter, fein beschuppter Hut, gelbe Lamellen sowie ein Vorkommen an Holz sind charakteristisch für diese schöne Pilzart.**

**Hut** bis 15 cm breit, halbkugelig, später gewölbt, abgeflacht, Rand bisweilen eingerollt, trocken; auf gelblichem Grund mit feinfilzigen, angedrückten, purpurroten Schüppchen bedeckt, die zur Mitte hin dichter werden, wodurch diese einheitlich dunkelrot erscheint. **Lamellen** ausgebuchtet oder abgerundet, dünn, dicht stehend, mit kürzeren Lamellen untermischt, kräftig gelb, Schneiden auffallend flockig, bisweilen bräunlich, frisch manchmal mit wässrigen Tropfen besetzt. **Stiel** bis 12 cm lang, bis 1,5 cm dick, oft krumm gewachsen, faserig-filzig, mit kleinen, purpurfarbenen Flocken bedeckt. **Fleisch** saftig, älter wässrig-weich, hell- bis goldgelb; Geruch eigenartig dumpf, an nasses Holz erinnernd, Geschmack mehr oder weniger stark bitter. **Spp.** cremeweiß.

**Speisewert** Ungenießbar; Fleisch bitter.
**Vorkommen** Meist büschelig an toten Nadelholzstümpfen.
**Wissenswert!** Die **Holzritterlinge** *Tricholomopsis*, 4 Arten, unterscheiden sich von den **Ritterlingen** (⇨ s. unten) durch stark bewimperte Lamellenschneiden (Lupe!) und dem Wachstum an Holz. **Spp.** weiß.

**Ähnlich** Der **Olivgelbe H.** *T. decora* ist einheitlich gelb gefärbt und mit olivbraunen Schüppchen besetzt. Er wächst in montanen Nadelwäldern; **ungenießbar**.

## Bitterer Eichenritterling

*Tricholoma ustaloides*

**Dieser Ritterling zeigt an der Stielspitze eine weiße Zone, die sich deutlich vom braunen Stiel absetzt.**

**Hut** bis 13 cm breit, jung halbkugelig, später flach gewölbt, manchmal schwach gebuckelt, Rand eingebogen, gerieft oder schwach gekerbt; feucht sehr schmierig, trocken seidig glänzend; eingewachsen radialfaserig; kastanienbraun bis rotbraun. **Lamellen** ausgebuchtet, engstehend, untermischt, teilweise gegabelt, Schneiden gekerbt; weiß, bisweilen bräunlich gefleckt. **Stiel** bis 10 cm lang, bis 2,5 cm dick, zylindrisch oder leicht keulig, Basis zugespitzt, Spitze deutlich weiß abgegrenzt, abwärts rotbräunlich punktiert. **Fleisch** weiß; Geruch deutlich mehlartig, Geschmack stark bitter. **Spp.** weiß.
**Speisewert** Ungenießbar. §
**Vorkommen** Mykorrhizapilz in wärmebegünstigten Laub- und Mischwäldern, gerne unter Eichen, selten unter Fichten, auf kalkhaltig-lehmigen Böden.

**Wissenswert!** Die **Ritterlinge** *Tricholoma* umfassen ca. 70 Arten, alles Mykorrhizapilze. Ihre Lamellen sind am Stiel ausgebuchtet angewachsen, ihr Sporenpulver ist weiß bis blass cremefarben.

**Ähnlich** Der **Brandige Ritterling** *T. ustale*, eine Laubwaldart, hat keine so deutlich abgegrenzte Stielspitze und ist überdies geruchlos; **ungenießbar**.
Der seltene **Fastberingte Ritterling** *T. fracticum* (kl. Bild) ist unter Kiefern auf Kalkböden zu finden; **ungenießbar**.

Purpurfilziger Holzritterling

**Bitterer Eichenritterling** Standort beachten!

## Seifenritterling

*Tricholoma saponaceum*

**Dieser Ritterling ist farblich sehr variabel. Das Röten, bisweilen auch Gilben sowie sein Geruch sind gute Merkmale.**

**Hut** bis 10 cm breit, eingewachsen fein faserschuppig, trocken glatt seidenmatt, feucht etwas schmierig; olivgelb oder braungrau bis schwarzbraun; Rand eingebogen, heller, oft getropft fleckig; rötend, manchmal gilbend. **Lamellen** ausgebuchtet, relativ dick, weit stehend, schmutzig weiß, oft rötend. **Stiel** etwa 10 cm lang, bis 3 cm dick, zylindrisch bis bauchig, hutfarben oder heller, glatt oder fein schwarzschuppig. **Fleisch** weiß, oft mit olivfarbenem Ton, rötend; Geruch seifen- bzw. laugenartig, Geschmack oft bitter. **Spp.** weiß.
**Speisewert** Giftig, verursacht Brechdurchfall.
**Vorkommen** Mykorrhizapilz in Laub- und Nadelwäldern. Örtlich häufig.
**Wissenswert!** Es sind einige Varietäten und Formen beschrieben, die aber alle nur auf Farbunterschieden beruhen.

## Schwefelritterling

*Tricholoma sulphureum*

**Gelbe Farbtöne und ein unangenehmer, stechender Geruch sind kennzeichnend für den Schwefelritterling.**

**Hut** bis 10 cm breit, trocken, glatt, matt, mit scharfem Rand, schwefelgelb bis hell gelbbraun, Mitte oft bräunlich. **Lamellen** ausgebuchtet, relativ weitstehend, dicklich, breit, schwefelgelb. **Stiel** bis 10 cm lang, bis 1,5 cm dick, zylindrisch, auch bauchig, längsfaserig, hutfarben. **Spp.** weiß. **Fleisch** dünn, brüchig, schwefelgelb; Geruch widerwärtig stechend, gasartig.
**Speisewert** Schwach giftig.
**Vorkommen** MP in Laub- und Nadelwäldern.

**Ähnlich** Der **Purpurbraune S.** *T. bufonium* hat einen rotbraunen Hut; **giftig.**
Der **Grünling** *T. equestre* hat relativ eng stehende, gelbe Lamellen; sein gelbes Fleisch riecht mehlartig; sein Genuss kann tödliche Vergiftungen hervorrufen; **giftig! §**

## Bärtiger Ritterling

*Tricholoma vaccinum*

**Der rotbraune, stark filzige Hut ist am Rand fransig, wollig behangen, die weißlichen Lamellen bekommen später gerne bräunliche Flecken.**

**Hut** bis 7 cm breit, jung halbkugelig, später flach gewölbt, trocken, leicht gebuckelt, dicht filzig-schuppig, Rand eingebogen, wollig-flockig behangen; hell bis dunkel rotbraun. **Lamellen** ausgebuchtet, relativ eng stehend, untermischt, Schneiden uneben, weißlich, später etwas bräunlich. **Stiel** bis 10 cm lang, bis 2 cm dick, zylindrisch, bisweilen verbogen, Spitze weiß, feinflockig, abwärts zunehmend rotbräunlich längsfaserig. **Fleisch** weißlich, etwas braunrötlich anlaufend; Geruch schwach erdartig, Geschmack bitter. **Spp.** weiß.
**Speisewert** Ungenießbar.
**Vorkommen** Mykorrhizapilz montaner Nadelwälder, unter Fichten und Kiefern, auf mäßig feuchten, etwas kalkhaltigen Böden, gern an grasigen Stellen und Waldrändern.

**Ähnlich** Der **Blassfleischige Fichtenritterling** *T. pseudonictitans* ist glatthütig, hat blassgelbe Lamellen, keine weiße Stielspitze und kommt im Bergnadelwald vor; **ungenießbar**.
Der **Fastberingte R.** (⇨ S. 76) wächst ebenso wie der Bärtige R. unter Kiefern, weist einen schmierigen Hut und eine angedeutete Ringzone am Stiel auf. Sein Fleisch riecht mehlartig, auch er schmeckt bitter. Der **Feinschuppige R.** *T. imbricatum* (kl. Bild), auch ein Kiefernbegleiter, ist kräftiger, sein Hut radialfaserig bis feinschuppig, sein Fleisch bitter; **ungenießbar**.

Seifenritterling

Schwefelritterling

Bärtiger Ritterling

## Gewöhnlicher Erdritterling

*Tricholoma terreum*

**Das Sammeln von Ritterlingen erfordert Erfahrung. Bei diesem werden die Lamellen bald deutlich grau und er ist geruchlos.**

**Hut** bis 7 cm breit, kegelförmig, später gewölbt, gebuckelt, trocken, radialfaserig bis feinfilzig, schiefergrau, manchmal mit schwarzen Tönen. **Lamellen** ausgebuchtet, mäßig gedrängt, Schneiden etwas schartig, jung schmutzig weiß, später deutlich grau. **Stiel** bis 7 cm lang, bis 1,5 cm dick, faserig, älter manchmal hohl, schmutzig weiß, grau überhaucht. **Fleisch** weißlich, unter der Huthaut grau durchgefärbt; geruchlos. **Spp.** weiß. **Speisewert** Essbar.

**Vorkommen** Mykorrhizapilz unter Kiefern und Fichten, auf etwas kalkhaltigen Böden.

**Ähnlich** Es gibt einige weitere grauhütige, faserige bis schuppige Erdritterling-Arten: Der **Mausgraue E.** *T. myomyces* wächst in grasigen Kiefernwäldern, er ist stärker faserig-filzig. Der seltenere **Große E.** *T. gausapatum* ist strubbelig wollig-schuppig, er hat sehr breite, tief ausgerandete Lamellen. Der **Rußstielige E.** *T. triste* bleibt kleiner, sein Hut und Stiel sind mehr graubraun, er bevorzugt feuchte Laubwälder. Alle riechen nicht mehlartig; **essbar.**
Der **Brennende Ritterling** *T. virgatum*, eine Nadelwaldart, ist mehr glockig-kegelig, eher glatthütig, silbergrau und schmeckt brennend scharf; **giftig.**
Der **Schuppenstielige E.** *T. squarrulosum* (Bild links) riecht aromatisch pfefferartig und ist in Laubwäldern zu finden; **essbar.**

## Tigerritterling

*Tricholoma pardalotum*

**Der meist grauschuppige Hut sowie „Tränen" an Lamellen und Stielspitze – das sind gute Erkennungsmerkmale.**

**Hut** bis 18 cm breit, gewölbt bis flach ausgebreitet, oft unregelmäßig gebogen, bisweilen stumpf gebuckelt oder niedergedrückt, Rand jung eingebogen; eingewachsen radialfaserig bis feinschuppig, Mitte oft fast glatt, grau bis graubräunlich, älter auf schmutzig weißem Grund graubraun bis grauschwarz aufgebogen schuppig. **Lamellen** ausgebuchtet, nicht sehr eng stehend, bauchig, schmutzig weiß, später cremefarben, Schneiden jung oft tränend. **Stiel** bis 15 cm lang, bis 5 cm dick, zylindrisch, bauchig oder keulig, Spitze flockig punktiert, oft mit wässrigen Tröpfchen besetzt, abwärts feinfaserig bis schuppig, schmutzig weiß, Basis bisweilen rotbräunlich. **Fleisch** weißlich; Geruch und Geschmack mehlartig. **Spp.** weiß.
**Speisewert** Giftig! Der T. löst schon kurz nach seinem Verzehr heftiges Erbrechen und sturzwasserartige Durchfälle aus, begleitet von Bauchschmerzen, Schweißausbrüchen, Angstzuständen und starkem Durst. §
**Vorkommen** MP montaner Laub- und Nadelwälder, gern auf kalkhaltigen Böden.

*Diese mehr braunen, grobschuppig aufgerissenen Exemplare zeigen die große Variabilität des T.*

**Ähnlich** Der kleinere, dünnfleischige **Gilbende Erdritterling** *T. scalpturatum* bekommt älter gelblich fleckende Lamellen. Er wächst unter Laubbäumen; **essbar.**

**Gewöhnlicher Erdritterling** typisch: kein Mehlgeruch

**Tigerritterling** starker Giftpilz!

## Weißer Rasling

*Lyophyllum connatum*

**Oft findet man diese weißen, büschelig wachsende Raslinge entlang von geschotterten Waldwegen im Gras.**

**Hut** bis 12 cm breit, halbkugelig, älter flach gewölbt, oft unregelmäßig wellig gebogen, manchmal stumpf gebuckelt oder niedergedrückt, Rand jung eingebogen, matt bis seidig glänzend, trocken reinweiß, firnisartig bereift, feucht weißlich bleigrau. **Lamellen** angewachsen bis etwas herablaufend, dicht stehend, jung weiß, älter gelblich cremefarben. **Stiel** bis 10 cm lang, bis 2 cm dick, schlank, oft gebogen, weißlich. **Fleisch** knorpelig-brüchig, weiß; Geruch schwach mehlartig, auch parfümiert, an den Duft des Lerchensporns erinnernd. **Spp.** weiß.

**Speisewert** Ungenießbar. Vor dem Verzehr sei gewarnt, der Pilz soll eine das Erbgut verändernde Wirkung haben.

**Vorkommen** In Wäldern und Parks, meist büschelig an bodenfeuchten, grasigen Stellen, gern entlang geschotterter Wege.

**Wissenswert!** Die **Raslinge** *Lyophyllum* umfassen etwa 47 Arten. Es gibt büschelige sowie einzeln wachsende, weiß, grau, braun oder lila bis violett gefärbte, große bis auch sehr kleine Arten. Manche davon laufen bei Verletzung blau oder schwarz an. Der Geruch ist oft mehlartig ranzig, das Sporenpulver stets cremeweiß.

**Verwandt** Der **Gepanzerte R.** *L. loricatum* wächst ebenfalls büschelig und unterscheidet sich durch seine oliv- bis kastanienbraunen, knorpelig harten Hüte; **essbar.** Das **Wurzel-Graublatt** *L. rancidum* (kl. Bild), eine kleine Art mit wurzelartig verlängertem Stiel, ist vor allem zwischen Falllaub oder auch Nadelstreu zu finden; **ungenießbar.**

## Maipilz, Mairitterling

*Calocybe gambosa*

**Die cremeweißen Maipilze haben eng stehende Lamellen und einen starken mehlartigen Geruch.**

**Hut** bis 12 cm breit, jung halbkugelig, dann flach gewölbt, häufig unregelmäßig rund, Rand eingerollt; trocken, matt, reinweiß bis cremeweiß, älter manchmal gelbbräunlich. **Lamellen** ausgebuchtet oder schmal angewachsen, dicht stehend, unregelmäßig untermischt, schmal, jung weiß, älter cremefarben. **Stiel** bis 10 cm lang, bis 2 cm dick, zylindrisch, bisweilen etwas knollig; weißlich. **Fleisch** dickfleischig, fest, weiß; Geruch und Geschmack stark mehlartig. **Spp.** weiß.

**Speisewert** Essbar; der strenge Mehlgeschmack sagt nicht jedermann zu.

**Vorkommen** In Laub- und Nadelwäldern, auf kalkhaltigen Böden, gern an grasigen oder krautigen Stellen, oft in Ringen. Typischer Frühsommerpilz, oft schon Ende April.

**Wissenswert!** Die **Schönköpfe** *Calocybe* umfassen ca. 13 kleine bis mittelgroße Arten. Die Hüte, Lamellen und Stiele können neben weiß auch gelblich, gelb, rosa, violettlich oder braun sein, der Geruch ist meist mehlartig, das Spp. weiß bis hell cremefarben.

**Ähnlich** Eine Verwechslungsgefahr besteht mit dem stark giftigen **Ziegelroten Risspilz** (⇨ S. 124), der etwa zur selben Jahreszeit gern in Parkanlagen unter Buchen erscheint. **Spp.** rostbraun.

*Eine gutes Merkmal sind beim Maipilz die dicht gedrängten, weißlichen, nicht rötenden Lamellen.*

**Weißer Rasling** typisch: sein büscheliges Wachstum

**Maipilz, Mairitterling** ein typischer Frühsommerpilz mit starkem Mehlgeruch

## Bitterer Krempenritterling

*Leucopaxillus gentianeus*

**Der kräftige Pilz lässt sich anhand des rotbräunlichen Huts mit dem radial gerippten Hutrand und des bitter schmeckenden Fleisches gut bestimmen.**

**Hut** bis 15 cm breit, jung gewölbt, bald verflachend, manchmal auch etwas niedergedrückt, oft unregelmäßig rund, nach außen zu meist deutlich gerippt, gerieft, Rand eingerollt, trocken, matt, fein samtig oder wildlederartig; zimtrotbraun, bisweilen mit weißlichem Reif überzogen. **Lamellen** angewachsen, dicht stehend, unregelmäßig untermischt, relativ schmal, weißlich, manchmal rostbraun fleckig. **Stiel** bis 10 cm lang, bis 2 cm dick, zylindrisch, bisweilen keulig, weiß bis bräunlich. **Fleisch** relativ weich, weiß; Geruch mehlig-ranzig, Geschmack stark bitter. **Spp.** weiß.
**Speisewert** Ungenießbar. **§**
**Vorkommen** Laub- und Mischwälder, unter Eichen und Buchen, seltener unter Kiefern, im Mittelmeerraum unter Stein- und Korkeichen; einzeln, oft auch büschelig wachsend.

**Wissenswert!** Die Gattung der **Krempenritterlinge** *Leucopaxillus* etwa 19 Arten, sind mittelgroße bis große Pilze mit weißen oder braunen Hüten, lange eingerolltem, meist geripptem Hutrand und weißen bis gelblichen oder rosafarbenen, angewachsenen Lamellen. **Spp.** weiß bis cremefarben.

**Ähnlich** Der **Weiße K.** *L. candidus* (= *L. giganteus*) ist in montanen Nadelwäldern und auf Bergwiesen zu finden; **essbar**.

*Ein gutes Kennzeichen des Bitteren K., der lat. auch L. amarus heißt, ist der radial gerippte Hutrand.*

## Dunkler Hallimasch

*Armillaria ostoyae*

**Durch seinen Standort an Nadelholz, den braunen Hut und den braunrandigen Ring erkennbar. Ein typischer Spätherbstpilz.**

**Hut** bis 10 cm breit, gewölbt, bald verflachend, oft etwas niedergedrückt oder hochgebogen, Rand meist deutlich gerieft und mit Velumresten behangen; auf braunem Grund dunkelbraun sparrig schuppig, Mitte dichter. **Lamellen** angeheftet, dicht stehend, unregelmäßig untermischt, cremeweiß, rotbraun fleckend. **Stiel** bis 10 cm lang, bis 2 cm dick, Basis bisweilen verdickt, oberhalb des häutig-filzigen, braunrandigen Rings weiß, abwärts bräunlich, faserig-flockig schuppig. **Fleisch** jung weiß, älter rosabräunlich; Geruch angenehm, Geschmack nach einiger Zeit im Rachen kratzend. **Spp.** weiß.
**Speisewert** Roh giftig! Ungenügend gekocht können diese Pilze heftige Magen- und Darmbeschwerden hervorrufen.
**Vorkommen** Parasitisch an totem und lebendem Nadelholz, oft massenhaft.

**Wissenswert!** Die Gattung **Hallimasch** *Armillaria* umfasst ca. 7 Arten mit bräunlichen bis gelben, schuppigen Hüten, weißlichen Lamellen und grobfaserigen Stielen, meist mit faserig-häutigem Ring, einige Arten aber auch ohne Ring. **Spp.** weiß bis creme.

**Ähnlich** Der **Ringlose H.** *A. tabascens* wächst an Eichen und Edelkastanien und ist vorwiegend in S-EU zu finden; **essbar**. Der **Honiggelbe H.** *A. mellea* (kl. Bild) ist eine an Laubholz wachsende, durch gelbe Farben gekennzeichnete Art; **essbar**.

**Bitterer Krempenritterling** typisch: kräftiger Wuchs, schmeckt bitter

**Dunkler Hallimasch**

## Frühlingsweichritterling

*Melanoleuca cognata*

**Dieser Pilz wächst bereits im Frühling, gern in Reisighaufen und Rindenmulch.**

**Hut** bis 10 cm breit, flach gewölbt bis gebuckelt, älter oft niedergedrückt, glatt, gelbockerbraun. **Lamellen** ausgebuchtet, dicht stehend, jung weiß, älter gelblich ocker. **Stiel** bis 10 cm lang, bis 2 cm dick, längsstreifig, hell graubraun. **Fleisch** etwas gelblich. **Spp.** weißlich.

**Speisewert** Essbar, aber nicht schmackhaft.

**Vorkommen** In Nadelwäldern, an grasbestandenen Wegrändern, in Rindenmulch oder Reisighaufen, auch in Gärten.

## Gefleckter Rübling

*Rhodocollybia maculata*

**Der weiße Hut hat viele kleine rostige Flecken. Seine Lamellen stehen eng.**

**Hut** bis 10 cm breit, flach gewölbt, oft gebuckelt, kahl, weiß, mit rostfarbenen Flecken wie punktiert. **Lamellen** angeheftet, dicht stehend, weiß. **Stiel** bis 10 cm lang, bis 2 cm dick, starr, oft verdreht, längsstreifig, hutfarben. **Fleisch** weiß, fest, etwas zäh; Geruch aromatisch, Geschmack mehr oder weniger stark bitter. **Spp.** cremerosa.

**Speisewert** Ungenießbar.

**Vorkommen** Nadelwälder, auf oberflächlich versauerten Böden, oft gesellig wachsend.

## Butterrübling

*Rhodocollybia butyracea forma butyracea*

**Der warme Braunton von Hut und Stiel ist typisch für diese dünnfleischige Art.**

**Hut** bis 8 cm, feucht fettig glänzend, rotbraun, ausblassend. **Lamellen** angeheftet, dicht stehend, weiß. **Stiel** bis 9 cm lang, schlank, längsfaserig, Basis oft weißfilzig, heller braun. **Fleisch** weißlich. **Spp.** creme.

**Speisewert** Essbar.

**Vorkommen** Saure Laub- und Nadelwälder.

**Ähnlich** Der **Horngraue R.** *R. butyracea f. asema* wächst auf besseren Böden; **essbar.**

## Waldfreundrübling

*Gymnopus dryophilus*

**Die ockergelb-bräunlichen Farben dieses Pilzes ändern sich je nach Feuchtigkeit.**

**Hut** bis 6 cm glatt, feucht ockergelb bis bräunlich, trocken cremeweiß verblassend. **Lamellen** angeheftet, dicht stehend, weiß bis blassgelb. **Stiel** bis 7 cm lang, schlank, meist hohl, längsfaserig, Basis oft an dickeren, weißen Myzelfasern haftend, blasser als der Hut. **Fleisch** weißlich. **Spp.** weiß.

**Speisewert** Gut erhitzen! Der Pilz scheint manchmal unverträglich zu wirken.

**Vorkommen** Laub- und Nadelwald.

**Wissenswert!** Die R. hießen früher *Collybia*.

## Brennender Rübling

*Gymnopus peronatus*

**Der dünnhäutige Hut und die jung gelblichen Lamellen sind kennzeichnend.**

**Hut** bis 7 cm, flachgewölbt, auch gebuckelt, ledrig, bisweilen runzelig, rötlichbraun mit gelben Tönen, besonders am Rand. **Lamellen** angeheftet, weit stehend, gegabelt, gelblich braun. **Stiel** bis 8 cm lang, schlank, ledrig zäh, längsfaserig, gelb-bräunlich, Basis oft gelbfilzig. **Fleisch** zäh, gelblich; Geruch würzig, Geschmack anfangs mild, dann brennend scharf. **Spp.** creme.

**Speisewert** Ungenießbar.

**Vorkommen** In Laub- und Nadelwäldern.

## Knopfstieliger Rübling

*Gymnopus confluens*

**Zieht man den Hut vom Stiel ab, verbleibt eine knopfartige Stielspitze.**

**Hut** bis 4 cm breit, meist gewölbt, seidenmatt, Rand etwas gerieft, feucht bräunlich, trocken cremeweiß ausblassend. **Lamellen** angeheftet, dicht stehend, Schneiden fein gewimpert, cremeweiß. **Stiel** bis 10 cm lang, schlank, ledrig zäh, längsfaserig, rotbraun, Spitze heller, Basis weißfilzig. **Fleisch** dünn, zäh, weiß. **Spp.** weiß.

**Speisewert** Kein Speisepilz, zäh.

**Vorkommen** In Laub- und Nadelwäldern, gern an Wegrändern.

Frühlingsweichritterling

Gefleckter Rübling

Butterrübling

Waldfreundrübling

Brennender Rübling

Knopfstieliger Rübling

## Beringter Schleimrübling

(🍴)

*Oudemansiella mucida*

**Die weißen, dünnfleischigen Hüte dieses büschelig auf Laubhölzern wachsenden Pilzes sind feucht stark schleimig und seine Lamellen stehen weit auseinander.**

**Hut** bis 8 cm breit, jung fast halbkugelig, später flach gewölbt, Rand häutig überstehend, feucht stark schleimig, trocken runzelig, weiß bis eierschalenfarben, älter blass bräunlich. **Lamellen** ausgebuchtet, breit, bauchig, weit auseinander stehend, am Grund queraderig verbunden, weißlich. **Stiel** bis 8 cm lang, bis 1 cm dick, schlank, zerbrechlich, Basis zwiebelförmig verdickt, oberhalb des häutigen, weißen, bisweilen auch braunrandigen, oberseits fein gerieften Rings weiß, abwärts davon bräunlich. **Fleisch** sehr dünn, weiß. **Spp.** weiß.
**Speisewert** Bedingt essbar, wertlos.
**Vorkommen** An Stämmen und Ästen von Laubholz, besonders von Buchen, auf Baumscheiben, in Astlöchern und Stammwunden, meist in dichten Büscheln.

**Wissenswert!** In jüngerer Zeit wurden die **Wurzelrüblinge** von den Schleimrüblingen abgetrennt und in eine eigene Gattung *Xerula* gestellt. Als äußeres Merkmal dient hier im Wesentlichen der samtige Hut und Stiel. Sämtliche Arten sind **bedingt essbar**. Bei beiden Gattungen ist das **Spp.** weiß.

**Ähnlich** Im Mittelmeerraum wächst zwischen Strandhafer der **Südliche Wurzelrübling** *Xerula mediterranea*. Er ist kleiner, beige bis rotbräunlich, ringlos, mit wurzelartig verlängertem Stiel; **bedingt essbar**.

**Verwandt** Der **Schleimige W.** *X. radicata* (kl. Bild), ein langstieliger, tief wurzelnder Pilz, kommt im Buchenwald vor, häufig; **bedingt essbar**.

## Breitblättriger Holzrübling

*Megacollybia platyphylla*

**Relativ großer, dünnfleischiger Pilz mit typisch radialfaserigem, bräunlichem Hut sowie breiten, weißen Lamellen.**

**Hut** bis 15 cm breit, gewölbt bis ausgebreitet, Hutrand scharfkantig, bisweilen eingerissen, trocken, deutlich eingewachsen radialfaserig, dunkelbraun bis graubraun, oft mit olivgrüner Tönung. **Lamellen** ausgebuchtet und mit Zahn herablaufend, sehr breit, bauchig, weitstehend, untermischt, oft eingerissen, weißlich, später bräunlich cremefarben, Schneiden manchmal dunkler braun gefärbt. **Stiel** bis 12 cm lang, bis 2,5 cm dick, knorpelig, schmutzig bräunlichweiß, Basis mit weißen, dicken Myzelsträngen, den so genannten Rhizomorphen verbunden. **Fleisch** brüchig, weiß. **Spp.** weiß.
**Speisewert** Ungenießbar, kann Magen-Darmbeschwerden hervorrufen.
**Vorkommen** An Laub- und Nadelholz, auf modernden Baumstümpfen und im Rohhumus vergrabenen Holzstückchen.

**Wissenswert!** Diese Pilzart wurde schon verschiedenen Gattungen zugeordnet, so den **Holzritterlingen** und **Ritterlingen** (⇨ S. 76), den **Rüblingen** (⇨ S. 86) und den **Schleimrüblingen** (⇨ s. oben).

**Großes Bild rechts:** *Vergleichsweise helle, rotbraun gefärbte Fruchtkörper des Breitblättrigen Holzrüblings.*

**Bild unten:** *Bei diesen Exemplaren herrschen mehr olivbraune Farbtöne vor. Eine gutes Bestimmungsmerkmal für die Art ist die konzentrisch gezeichnete und deutlich eingewachsen radialfaserige Hutoberfläche.*

Beringter Schleimrübling

Breitblättriger Holzrübling

## Fichtenzapfen-Nagelschwamm *Strobilurus esculentus*

**Kleiner Frühjahrspilz auf Fichtenzapfen.**

**Hut** bis 3,5 cm breit, flach gewölbt, dünn, feucht dunkelbraun, fettig glänzend, trocken heller. **Lamellen** dicht stehend, weißlich. **Stiel** schlank, gelbbräunlich, mit striegeliger Basis. **Fleisch** dünn. **Spp.** weiß.
**Speisewert** Essbar.
**Vorkommen** Auf eingegrabenen Fichtenzapfen.

**Ähnlich** Der nach Chlor riechende **Fichtenzapfen-Helmling** *Mycena plumipes (=M. strobilicola)*; **ungenießbar**.

## Nelkenschwindling
*Marasmius oreades*

**Dieser Wiesenpilz bildet gern Hexenringe.**

**Hut** bis 5 cm, gewölbt, gebuckelt, kahl, Rand gefurcht, feucht blass orangebraun, trocken heller. **Lamellen** weit stehend, creme bis rosaocker. **Stiel** schlank, zäh, beige bis bräunlich. **Fleisch** blass; Bittermandelgeruch. **Spp.** weiß.
**Speisewert** Essbar, die Stiele sind zäh.
**Vorkommen** Parkanlagen, in Rasenflächen.

**Ähnlich** Der seltene **Hügelschwindling** *M. collinus* mit zedernholzartigem Geruch; über leichte Vergiftungen wurde berichtet.

## Knoblauchschwindling
*Marasmius scorodonius*

**Pilz mit angenehmem Knoblauchgeruch.**

**Hut** bis 3 cm, glatt bis rippig-riefig, feucht hell ockerbraun, trocken blasser. **Lamellen** angewachsen, dünn, weißlich. **Stiel** schlank, rotbraun, abwärts schwarzbraun. **Fleisch** ledrig; Geruch und Geschmack knoblauchartig.
**Speisewert** Essbar, sehr begehrter Würzpilz.
**Vorkommen** Nadelwälder, oft sehr gesellig.

**Ähnlich** Der **Nadelschwindling** *Micromphale perforans* riecht unangenehm, kohlartig; **ungenießbar**.

## Langstieliger Knoblauchschwindling *Marasmius alliaceus*

**Pilz mit aufdringlichem Knoblauchgeruch.**

**Hut** bis 5 cm breit, gerieft, cremebräunlich. **Lamellen** angeheftet, weiß. **Stiel** bis 15 cm lang, dünn, zäh, braun, abwärts schwarzbraun, matt bereift. **Fleisch** ledrig; mit starkem Knoblauchgeruch. **Spp.** creme.
**Speisewert** Kann Durchfälle verursachen.
**Vorkommen** Meist auf totem Buchenholz.

**Ähnlich** Der **Große K.** *M. querceus* hat einen purpurbraunen Stiel und schmeckt brennend scharf; **ungenießbar**.

## Rosa Rettichhelmling
*Mycena rosea*

**Die rosafarbenen Pilze riechen rettichartig.**

**Hut** bis 6 cm breit, stumpf gebuckelt, dünnfleischig, glatt, feucht durchscheinend gerieft, rosa, trocken blasser. **Lamellen** dünn, weiß bis hellrosa. **Stiel** bis 10 cm lang, relativ schlank, älter innen hohl, weiß bis blassrosa. **Fleisch** weiß; Geruch und Geschmack rettichartig. **Spp.** weiß.
**Speisewert** Muscarinhaltig! (⇨ S. 72 unten)
**Vorkommen** Laubwälder auf Kalkböden.
**Wissenswert!** Die **Helmlinge** *Mycena* umfassen über 100 meist kleine Arten. Darunter sind keine Speisepilze. **Spp.** weiß.

## Rettichhelmling
*Mycena pura*

**Typisch ist der starke Rettichgeruch.**

**Hut** bis 5 cm dünnfleischig, glatt, feucht durchscheinend gerieft, lilaviolett bis braungrauviolettlich, trocken ausblassend. **Lamellen** weißlich bis grauviolett. **Stiel** bis 8 cm lang, schlank, hutfarben. **Fleisch** wässrig; Geruch und Geschmack rettichartig.
**Speisewert** Muscarinhaltig! (⇨ S. 72 unten)
**Vorkommen** In Nadel- und Laubwäldern.

**Ähnlich** Der **Schwarzschneidige R.** *M. pelianthina* hat schwarze Lamellenschneiden; **giftig**.

Fichtenzapfen-Nagelschwamm

Nelkenschwindling

Knoblauchschwindling

Langstieliger Knoblauchschwindling

Rosa Rettichhelmling

Rettichhelmling

## Samtfußrübling

*Flammulina velutipes*

**Der büschelig wachsende Pilz mit den schwarzbraun samtigen Stielen ist meist erst im Winterhalbjahr zu finden.**

**Hut** bis 6 cm breit, gewölbt, später abgeflacht, feucht ziemlich schmierig, trocken glatt, honig- bis orangegelb, Rand etwas heller. **Lamellen** gerade oder leicht ausgebuchtet angewachsen, etwas entfernt stehend, unregelmäßig untermischt, dünn, weißlich, später cremegelblich. **Stiel** bis 8 cm lang, bis 1,2 cm dick, faserig, bald hohl, Spitze hellgelb bis rötlichbraun, abwärts dunkelbraun bis fast schwarz samtig. **Fleisch** weich, weiß bis leicht gelblich. **Spp.** weiß.

**Speisewert** Essbar, ein guter Speisepilz. Zum Verzehr eignen sich aber nur die Hüte, die Stiele sind holzig.

**Vorkommen** Meist büschelig an toten und geschädigten Laubbäumen, besonders an Strünken von Weiden, entlang von Flussläufen und in Auwäldern, selten an Nadelholz. Er wächst besonders im Winterhalbjahr.

**Wissenswert!** Der Samtfußrübling lässt sich auch züchten, beispielsweise auf Buchenholz. Die Gattung der **Samtfußrüblinge** *Flammulina* umfasst 3 Arten. **Spp.** weiß.

**Ähnlich** Der seltene **Hauhechel-S.** *F. ononidis* wächst auf den Wurzeln der Dornigen Hauhechel in Halbtrockenrasen, der ebenfalls seltene **Wurzelnde S.** *F. fennae* unter Laubbäumen. Beide Arten bevorzugen Kalkböden. Beide sind **essbar.** §

*Der schwarzbraune, samtige Stiel des S. steht in deutlichem Kontrast zu seinen hellen Lamellen.*

## Gelbfuchsiger Tellerling

*Rhodocybe nitellina*

**Orangebraune Farben, ein starker, mehlartiger Geruch und der Standort sind kennzeichnend für diese Art.**

**Hut** bis 5 cm breit, gewölbt, später flacher mit niedergedrückter Mitte, manchmal fast genabelt, glatt, Rand bisweilen wellig, feucht speckig, orangebraun, trocken seidenmatt, hell ockergelb. **Lamellen** angewachsen, untermischt, dünn, jung weißlich, später etwas rötlich. **Stiel** bis 7 cm lang, schlank, oft flachgedrückt, knorpelig, bald hohl, hutfarben, Basis mehlig-weißfilzig. **Fleisch** dünn, weißlich; Geruch und Geschmack stark mehlartig, etwas bitter. **Spp.** rosa.

**Speisewert** Ungenießbar.

**Vorkommen** In montanen Laubwäldern auf kalkhaltigen Böden, seltener in Nadelwäldern.

**Wissenswert!** Die **Tellerlinge** *Rhodocybe*, etwa 14 Arten, sind kleine bis große, häutige bis fleischige Pilze, die weißlich, gelblich, rötlich braun, grau oder graubläulich gefärbt sein können, manche Arten schwärzen. Die Lamellen sind angeheftet bis herablaufend. Die meisten Arten sind keine Speisepilze. **Spp.** rosa bis rosabräunlich.

**Ähnlich** Der **Würzige Tellerling** *R. gemina* (= *R. truncata*, kl. Bild), eine festfleischige Art mit schwach würzigem Geruch, ist meist in Nadel-, nur selten in Laubwäldern zu finden; **essbar.**
Der Gelbfuchsige T. könnte auch mit dem **Waldfreundrübling** (⇨ S. 86) verwechselt werden, der an ähnlichen Standorten vorkommt, aber nicht mehlartig riecht.

**Samtfußrübling** ein typischer Winterpilz

**Gelbfuchsiger Tellerling** typisch: riecht und schmeckt mehlartig

## Mehlräsling

*Clitopilus prunulus*

**An jungen Pilzen sind die Lamellen weißlich, die Rosafärbung setzt erst älter ein. Man achte auch auf den Mehlgeruch!**

**Hut** bis 12 cm breit, jung gewölbt, später abgeflacht, bisweilen niedergedrückt, Rand oft unregelmäßig wellig bis gelappt, trocken, matt bis seidig matt, fein bereift; kreidig weiß bis weißgrau. **Lamellen** herablaufend, eng stehend, untermischt, schmal, dünn, jung weißlich beige, später deutlich rosa. **Stiel** bis 5 cm lang, bis 1,5 cm dick, oft exzentrisch stehend, voll, weich, weiß, Basis weißfilzig. **Fleisch** weich, weißlich; Geruch und Geschmack stark mehlartig. **Spp.** rosa.

**Speisewert** Essbar, sein mehlartiger Geschmack sagt aber nicht jedermann zu.

**Vorkommen** In Laub- und Mischwäldern, auch in Parks und an Wegrändern, auf eher nährstoffreichen Böden. Weit verbreitet und fast überall vorkommend.

**Wissenswert!** Die Gattung der **Räslinge** *Clitopilus* umfasst etwa 12 weiß- bis grauhütige, meist exzentrisch gestielte oder ungestielte Arten. **Spp.** stets rosa.

**Ähnlich** sind einige giftige, weiße Trichterlingen, z. B. der **Feld-** und der **Laubfreund-Trichterling** (⇨ S. 72). Der **Weiße Rasling** (⇨ S. 82) wächst büschelig und riecht mehlartig-parfümiert.
Am ähnlichsten sieht dem M. der kleinere, ziemlich dünnfleischige **Kreidige Räsling** *C. scyphoides*, der in Wiesen wächst; **ungenießbar.** §

*Der Mehlräsling hat deutlich rosafarbene Lamellen.*

## Riesenrötling

*Entoloma sinuatum*

**An den meist kräftigen Fruchtkörpern fallen die gelb-lachsfarbenen Lamellen auf und ebenso der Mehlgeruch.**

**Hut** bis 20 cm breit, halbkugelig, später flacher gewölbt, oft gebuckelt, Rand bisweilen eingerollt, glatt, leicht eingewachsen radialfaserig, beige bis milchkaffeefarben oder bräunlich ockerfarben, trocken matt glänzend. **Lamellen** ausgebuchtet, weit stehend, untermischt, Schneiden wellig bis leicht gekerbt, jung cremegelblich, älter lachsrosa. **Stiel** bis 15 cm lang, bis 3 cm dick, zylindrisch bis schwach keulig, längsfaserig, weiß bis cremefarben. **Fleisch** weiß; Geruch und Geschmack deutlich mehlartig. **Spp.** rosa.

**Speisewert** Stark giftig, verursacht schwere Magen-Darmbeschwerden, die bisweilen erst 4 Stunden nach der Mahlzeit auftreten. §

**Vorkommen** Mykorrhizapilz wärmebegünstigter Laubwälder, gern unter Buchen und Eichen, oft an lichten, grasigen Stellen, auf tonigen, lehmig-kalkhaltigen Böden.

**Wissenswert!** Die **Rötlinge** *Entoloma* umfassen etwa 200 meist giftige oder ungenießbare Arten. Es sind sehr vielgestaltige, zierliche bis sehr große Pilze mit unterschiedlichen Farben. Die Lamellen sind am Stiel angewachsen und stets rosa; **Spp.** rosa.

**Ähnlich** Verwechslungen sind unter Umständen mit dem **Nebelgrauen Trichterling** (⇨ S. 72) möglich.
Der **Weißstielige Rötling** *E. lividoalbum* (kl. Bild) riecht auch mehlartig und wächst ebenso im Laubwald; vermutlich **giftig.** §

**Mehlräsling** typisch: riecht mehlartig

**Riesenrötling** starker Giftpilz!

## Traniger Glöckling

*Entoloma hirtipes*

**Der gebrechliche, kegelig-glockige, langstielige Pilz wächst bereits im Frühling.**

**Hut** bis 8 cm breit, kegelig-glockig, spitz bis stumpf gebuckelt, feucht graubraun, trocken stark verblassend, seidig glänzend. **Lamellen** angeheftet, relativ dicht stehend, dünn, jung weiß, bald schmutzig rosa. **Stiel** schlank, oft verdreht, rillig, sehr zerbrechlich, hutfarben. **Fleisch** dünn; Geruch tranig, gurken- bis mehlartig. **Spp.** rosa.
**Speisewert** Kein Speisepilz, Wert unbekannt.
**Vorkommen** Laub- und Nadelwald, in Laubstreu und zwischen Reisig. Frühjahrspilz.

## Nitröser Rötling

*Entoloma rhodopolium*

**Wachsgrünliche Farben und nitröser Geruch sind kennzeichnend.**

**Hut** bis 10 cm breit, kahl, glatt, Rand gerieft, feucht graubraun mit olivgrünem Ton, trocken ausblassend. **Lamellen** angewachsen, breit, dünn, erst weiß, bald rosa. **Stiel** schlank, hohl, faserig gestreift, seidig glänzend, weißlich. **Fleisch** zerbrechlich; Geruch laugenartig (nitrös), bisweilen schwach. **Spp.** rosa.
**Speisewert** Giftig, s. Riesenrötling (⇨ S. 94).
**Vorkommen** Feuchte Laubwälder.
**Wissenswert!** Er wird auch **Alkalischer** oder **Niedergedrückter R.** genannt (*=E. nidorosum*).

## Blaublättriger Zärtling

*Entoloma chalybaeum*

**Es gibt viele blau gefärbte Rötlinge, ihre Bestimmung erfordert Erfahrung.**

**Hut** bis 4,5 cm breit, dunkle Mitte etwas genabelt, radialfaserig, fein angedrückt schuppig, Rand gerieft, dunkel blaugrau, ausblassend. **Lamellen** angewachsen, jung bläulich, älter schmutzig rosa, Schneiden oft blau. **Stiel** bis 6 cm lang, dünn, sehr zerbrechlich, blaugrau. **Fleisch** dünn. **Spp.** rosa.
**Speisewert** Kein Speisepilz, Wert unbekannt. §
**Vorkommen** Magere, trockene Wiesen, extensiv bewirtschafteten Weiden, auf Kalk, seltener auf sauren Böden.

## Stahlblauer Rötling

*Entoloma nitidum*

**Dunkelblauer, seidiger Hut sowie rosafarbene Lamellen sind kennzeichnend.**

**Hut** bis 5 cm, dunkelblau-violettgrau. **Lamellen** breit, weißlich, bald rosa. **Stiel** bis 7 cm lang, bis 1 cm dick, längsfaserig, hutfarben, Basis oft mehlig weiß. **Fleisch** weißlich; Geruch mehlartig. **Spp.** weiß.
**Speisewert** Ungenießbar, giftverdächtig.
**Vorkommen** Moosige, saure Nadelwälder.

**Ähnlich** Der **Blaue R.** *E. bloxamii (=E. madidum)* wächst an grasigen Stellen auf Kalk. §

## Braungrüner Rötling

*Entoloma incanum*

**Blaugrüne Stielbasis und der starke Geruch nach verbranntem Horn sind typisch.**

**Hut** bis 4 cm breit, genabelt; eingewachsen radialfaserig, seidig glänzend, Rand gerieft, gelboliv, gelb-, braungrün, trocken heller. **Lamellen** angewachsen, weiß bis graugrün, älter rosa. **Stiel** schlank, sehr brüchig, lebhaft gelbgrün, Basis blaugrün. **Fleisch** dünn; Geruch nach verbranntem Horn. **Spp.** rosa.
**Speisewert** Kein Speisepilz, Wert unbekannt.
**Vorkommen** In naturnahen Wiesen, Halbtrockenrasen, an kiesig-moosigen Stellen, auf Kalkböden, meist in montanen Lagen.

## Amethyströtling

*Entoloma catalaunicum*

**Rosa-ockerlicher Pilz mit genabeltem Hut, meist in naturbelassenen Wiesen.**

**Hut** bis 4 cm breit, genabelt, eingewachsen radialfaserig, feinschuppig, rosa-rotbraun, Mitte dunkler, Rand lilablau. **Lamellen** ausgebuchtet, Schneiden feinflockig, weißlich, älter rosabraun. **Stiel** bis 6 cm lang, schlank, älter hohl, faserig gestreift, rötlich graublau. **Fleisch** hutfarben, dünn. **Spp.** rosa.
**Speisewert** Kein Speisepilz, Wert unbekannt. §
**Vorkommen** Magerrasen, Almwiesen, an Rändern mit Weiden, Lärchen und Fichten, meist in montanen bis subalpinen Lagen.

Traniger Glöckling

Nitröser Rötling

Blaublättriger Zärtling

Stahlblauer Rötling

Braungrüner Rötling

Amethyströtling

## Wolliger Scheidling

(🍴)

*Volvariella bombycina*

**Der weiße, seidig-wollige Hut dieses Scheidlings erinnert an ein Seehundfell. Der Stiel des Pilzes ist ringlos und steckt in einer Scheide.**

**Hut** bis 18 cm breit, jung eiförmig, kegelig-halbkugelig, älter flach gewölbt mit stumpfem Buckel, trocken, fein seidig-wollig, weiß bis cremefarben, Rand bisweilen häutig-wollig überstehend. **Lamellen** frei, dicht stehend, bauchig, Schneiden fein flockig gekerbt, jung blass, später kräftig rosa. **Stiel** bis 15 cm lang, bis 2 cm dick, zylindrisch, längsfaserig, Basis in einer offenen, lappigen, blass bräunlichen Scheide steckend, weiß bis cremefarben. **Fleisch** weiß; Geruch rettichartig. **Spp.** rosa.

**Speisewert** Bedingt essbar.

**Vorkommen** An lebendem oder totem Laubholz, besonders an Ulmen, Ahornen, Eichen oder Obstbäumen, gern in Stammwunden, Astgabeln und Asthöhlungen, auf Wurzeln, manchmal auch auf verbautem Holz und in Sägemehl. Weit verbreitet, aber nur sehr vereinzelt vorkommend.

**Wissenswert!** Die **Scheidlinge** *Volvariella* umfassen ca. 15 Arten mit weißen, grauen, braunen oder gelblichen Hüten, die etwas schleimig, glatt oder faserig-wollig sein können. Ihre Lamellen sind frei, gedrängt, jung weiß, älter rosa, der ringlose Stiel steckt in einer lappigen Scheide. Giftige Arten sind nicht bekannt. **Spp.** rosa bis rosabraun.

**Verwandt** Der kleine **Mausgraue Scheidling** *V. murinella* wächst auf Erde, in und außerhalb von Wäldern; **ungenießbar**.

## Rehbrauner Dachpilz

(🍴)

*Pluteus cervinus*

**Kennzeichnend für die Art sind ein reh- bis dattelbrauner Hut, freie, dicht stehende, weiße Lamellen sowie das Wachstum an Holz.**

**Hut** bis 15 cm breit, halbkugelig, älter flach gewölbt, oft stumpf gebuckelt, glatt, seidig glänzend bis matt, hellbraun bis dunkel rehbraun, Mitte oft schwarzbraun feinschuppig. **Lamellen** frei, dicht stehend, untermischt, dünn, Schneiden fein flockig, jung blass, älter rosa. **Stiel** bis 12 cm lang, bis 1,5 cm dick, bräunlich längsfaserig gestreift. **Fleisch** weich, dünn, weiß; Geruch und Geschmack rettich- bis kartoffelartig. **Spp.** rosa.

**Speisewert** Bedingt essbar aufgrund seines Rettichgeschmacks.

**Vorkommen** Laub- und Nadelwald, an alten, bemoosten Stümpfen und feuchtem Holz.

**Wissenswert!** Die **Dachpilze** *Pluteus*, über 40 Arten, haben unterschiedlich gefärbte Hüte, die kahl, glatt, körnig oder etwas schuppig sein können; Lamellen frei, gedrängt, jung weiß, älter rosa; einige Arten davon sind giftig, wenige essbar. **Spp.** rosa bis rosabraun. Der R. D. hieß früher *P. atricapillus*.

**Ähnlich** Der **Voreilende Dachpilz** *P. primus*, der im Frühjahr auf Nadelholz wächst, sowie der **Schnallendachpilz** *P. pouzarianus* sind vom Rehbraunen Dachpilz nur mikroskopisch zu unterscheiden; **bedingt essbar**. Der **Schwarzschneidige Dachpilz** *P. atromarginatus* (kl. Bild) wächst an Nadelholz und ist an seinen schwarzbraun gefärbten Lamellenschneiden unschwer zu erkennen; **bedingt essbar**.

Wolliger Scheidling

**Rehbrauner Dachpilz** typisch: wächst immer an Holz, Rettichgeruch

## Zweifarbiger Scheidenstreifling *Amanita battare*

**Kennzeichen: Dunkle Hutmitte, hellerer Hutrand und dunkle Lamellenschneiden.**

**Hut** bis 10 cm breit, jung gewölbt, älter flacher, etwas gebuckelt, glatt, oliv- bis graubraun, dunkler ringförmig gezont, Rand heller und deutlich gerieft. **Lamellen** frei, dicht stehend, dünn, weiß, Schneiden dunkelbraun gefärbt. **Stiel** etwa 12 cm lang, bis 1,5 cm dick, Spitze zart flockig, graubräunlich genattert, in einer häutigen, blass bräunlichen Scheide steckend. **Fleisch** brüchig, blass. **Spp.** weiß.
**Speisewert** Essbar, roh unbekömmlich.
**Vorkommen** Mykorrhizapilz in Bergnadel-, seltener in Laubwäldern, auf eher sauren Böden, oft an krautigen Stellen.

**Ähnlich** Der Hut des **Grauhäutigen Sch.** *A. submembranacea* ist oft mit größeren, grauweißlichen Hüllresten bedeckt, die Lamellenschneiden sind weiß; **essbar**.

## Grauer Scheidenstreifling

*Amanita vaginata*

**Grauer, geriefter Hut, weiße Lamellen, Stiel ohne Ring, weißliche Scheide.**

**Hut** bis 8 cm breit, fast halbkugelig glockig, älter flach ausgebreitet, schwach gebuckelt, glatt, hell- bis dunkelgrau, seltener bräunlich, Rand deutlich gerieft. **Lamellen** frei, dicht stehend, dünn, weiß. **Stiel** bis 12 cm lang, bis 1,5 cm dick, älter hohl, Spitze zart flockig; weißlich, abwärts schwach grau genattert, die Basis steckt in einer häutigen, schmutzig weißlichen Scheide, die oft am Stiel anliegt. **Fleisch** sehr brüchig, weißlich. **Spp.** weiß.
**Speisewert** Essbar, roh unbekömmlich.
**Vorkommen** Mykorrhizapilz in Laub-, seltener auch in Nadelwäldern.

**Ähnlich** Der **Silbergraue Sch.** *A. mairei* ist nur mikroskopisch sicher unterscheidbar. Er bevorzugt krautreiche Laubwälder auf kalkhaltigen Böden; **essbar**. §

## Rotbrauner Scheidenstreifling

*Amanita fulva*

**Ein orangebrauner Hut, manchmal mit hellen Hüllresten, und ein ringloser, blass bräunlicher Stiel, der in einer lappigen Scheide steckt, sind kennzeichnend.**

**Hut** bis 10 cm breit, jung halbkugelig, älter ausgebreitet, schwach gebuckelt, glatt, fuchsbraun bis orangebraun, Mitte bisweilen dunkler, deutlich gerieft. **Lamellen** frei, dicht stehend, untermischt, dünn, weiß. **Stiel** bis 12 cm lang, bis 1,5 cm dick, jung voll, älter hohl, glatt bis fein längsfaserig-flockig, weißlich, manchmal zart rotbräunlich, die Basis steckt in einer häutigen, rotbräunlichen Scheide. **Fleisch** sehr brüchig, weißlich. **Spp.** weiß.
**Speisewert** Essbar, roh unbekömmlich.
**Vorkommen** Mykorrhizapilz in Nadel- und Laubwäldern, auf sauren Böden, gern unter Birken. Weit verbreitet.
**Wissenswert!** Die **Scheidenstreiflinge** bilden mit etwa 10 Arten eine Untergattung innerhalb der **Wulstlinge** *Amanita* und unterscheiden sich von diesen durch das Fehlen einer **inneren Hülle**, dem *Velum partiale*, ihr Stiel ist damit ringlos. Die **äußere Gesamthülle**, das *Velum universale*, ist an der Stielbasis meist als offene, lappige Scheide gut erkennbar (⇨ S. 8). Der Hutrand ist stark radialriefig. **Spp.** weiß.

**Ähnlich** Der **Orangegelbe Sch.** *A. crocea* ist kräftiger, der Hut mehr gelborange, der Stiel flockig gebändert, wie genattert, heller hutfarben. Die Art wächst gern in mäßig trockenen Laubwäldern; **essbar**.

Zweifarbiger Scheidenstreifling

Grauer Scheidenstreifling

Rotbrauner Scheidenstreifling

## Kaiserling

*Amanita caesarea*

**Ein orangeroter Hut mit oft großen, weißen Hüllresten, gelbe Lamellen und ein Stiel, der in einer offenen Scheide steckt, kennzeichnen die Art hinreichend.**

**Hut** bis 20 cm breit, jung eiförmig, halbkugelig, von einer weißen, dickhäutigen Gesamthülle umschlossen, gewölbt bis ausgebreitet, glatt, Rand gerieft, leuchtend orangerot, seidig glänzend, manchmal mit weißen Hüllresten besetzt. **Lamellen** frei, relativ dicht stehend, untermischt, teilweise gegabelt, eibis goldgelb, Schneiden fein gekerbt. **Stiel** bis 15 cm lang, bis 3 cm dick, robust, voll bis pelzig ausgestopft, mit gerieftem, hängendem Ring, zitronen- bis goldgelb; in einer sackartigen, lappigen, weißlichen Scheide steckend. **Fleisch** weiß, unter der Huthaut und Stielrinde gelblich; Geruch und Geschmack leicht süßlich. **Spp.** weiß.

**Speisewert** Essbar, begehrter Speisepilz. §

**Vorkommen** Mykorrhizapilz wärmebegünstigter Laubwälder, unter Eichen und Edelkastanien. Südlich der Alpen weit verbreitet und dort auch unter Erdbeerbäumen und Erikagewächsen zu finden.

**Wissenswert!** Der K. wurde bereits in der Antike von den römischen Caesaren hoch geschätzt und wahrscheinlich auch in dieser Zeit nördlich der Alpen eingeschleppt.

*Man könnte den Kaiserling für einen Fliegenpilz ohne weiße Hüllreste auf dem Hut halten. Die gelben Lamellen sind ein gutes Unterscheidungsmerkmal.*

## Roter Fliegenpilz

*Amanita muscaria*

**Dieser allgemein bekannte Giftpilz ist durch seinen roten Hut mit den weißen Tupfen hinreichend gekennzeichnet.**

**Hut** bis 20 cm breit, halbkugelig, von einer weißen Gesamthülle umschlossen, älter flach ausgebreitet, Rand gerieft, leuchtend rot bis orangerot, orangegelblich verblassend, mit weißen, flockigen Hüllresten besetzt, manchmal abgewaschen. **Lamellen** frei, relativ dicht stehend, untermischt, weiß. **Stiel** bis 15 cm lang, bis 3 cm dick, weißlich, oft flockig, mit herabhängendem, häutigem, gerieftem Ring, Basis knollig, von einem bis mehreren warzigen Gürteln umgeben. **Fleisch** weiß, unter der Huthaut orangegelblich. **Spp.** weiß.

**Speisewert** Giftig. Nach dem Verzehr treten 1/4 bis 4 Stunden später psychische, rauschartige Zustände mit Schwindel, Mattigkeit und Gehstörungen bis hin zum Kreislaufversagen auf.

**Vorkommen** Mykorrhizapilz in Nadel- und Laubwäldern, häufig unter Birken.

**Ähnlich** Der **Königsfliegenpilz** *A. regalis* ist umbrabraun gefärbt und mit gelblichen bis graugelblichen Hüllresten besetzt. Sein Vorkommen ist im Wesentlich auf die kalkarmen, östlichen Bergnadelwälder (so den Bayerischen Wald) beschränkt; **giftig**.

*Besonders in Südeuropa kommen immer wieder Verwechslungen mit dem Kaiserling vor. Die weißen Lamellen und der Warzengürtel an der knolligen Stielbasis des Fliegenpilzes dienen der Unterscheidung.*

**Kaiserling** wächst hauptsächlich südlich der Alpen

**Roter Fliegenpilz** wächst oft in der Nähe von Steinpilzen

## Grüner Knollenblätterpilz

*Amanita phalloides*

**Ein olivgrüner, eingewachsen radialfaserig gezeichneter Hut, freie, weiße Lamellen, ein natternartig gezeichneter Stiel und eine offene, weiße Scheide sind kennzeichnend.**

**Hut** bis 18 cm breit, jung fast eiförmig, von weißer, häutiger Gesamthülle umschlossen, älter gewölbt bis ausgebreitet, glatt, olivgrün bis gelbgrünlich, bei der Form *alba* weiß, trocken seidig glänzend, selten mit weißen Hüllresten besetzt. **Lamellen** frei, relativ dicht, untermischt, weiß. **Stiel** bis 15 cm lang, bis 2,5 cm dick, voll bis pelzig ausgestopft, gelblich bis grünlich, natternartig gezeichnet; Ring häutig, hängend, manchmal abfallend, schwach gerieft; Stielbasis knollig verdickt, in einer meist offenen, abstehenden, weißen Scheide steckend. **Fleisch** weiß; Geruch honigartig. **Spp.** weiß.

**Speisewert** Tödlich giftig! Vergiftungssymptome s. u., beim Kegelhütigen Knollenblätterpilz. Vergiftungen sind aber auf grobe Unkenntnis und Leichtsinn zurückzuführen!

**Vorkommen** MP in Laubwäldern, oft unter Eichen und Buchen, selten in Nadelwäldern.

**Ähnlich** Der **Grünling** (⇨ S. 78) besitzt gelbliche, am Stiel ausgebuchtet angewachsene Lamellen. Der **Grasgrüne Täubling** (⇨ S. 138) hat weiße bis cremefarbene, angewachsene Lamellen. Beide Arten sind ringlos, ihnen fehlt auch die knollige Stielbasis mit der offenen Scheide.
Der **Zitronengelbe K.** *A. citrina* (kl. Bild) hat eine knollige Stielbasis mit deutlich abgesetzter Kante und riecht kartoffelartig; **ungenießbar**.

## Kegelhütiger Knollenblätterpilz

*Amanita virosa*

**Typisch sind der kegelförmige, weiße Hut, die weißen, freien Lamellen und der faserig-fransige Stiel, der in einer manchmal anliegenden Scheide steckt.**

**Hut** bis 10 cm breit, jung in einer weißen Eihülle steckend, älter meist kegelförmig bleibend, feucht klebrig, trocken kahl und glatt, seidig glänzend, weiß bis cremefarben. **Lamellen** frei, relativ dicht stehend, untermischt, weiß bis elfenbeinfarben, Schneiden flockig. **Stiel** bis 18 cm lang, bis 2 cm dick, voll bis ausgestopft, zerbrechlich; Ring hängend, vergänglich, weiß, faserig-fransig; knollig verdickt, in einer schlaffen, meist anliegenden, weißen Scheide, oft tief im Boden steckend. **Fleisch** weich, weiß; Geruch jung rettichartig, älter süßlich. **Spp.** weiß.

**Speisewert** Tödlich giftig! Vergiftungssymptome (Übelkeit, Bauchschmerzen, Erbrechen, Durchfälle) treten meist erst 6–12 Stunden nach dem Verzehr auf. Im weiteren Verlauf kommt es zu schweren, meist irreparablen Leberschäden.

**Vorkommen** MP eher montaner Nadelwälder.

**Wissenswert!** Die **Wulstlinge** *Amanita*, über 40 Arten, sind jung von einer Eihülle umgeben, die Lamellen frei, weiß, manchmal gelb. Arten mit und ohne Ring; Stielbasis knollen- oder scheidenartig. **Spp.** weiß.

**Ähnlich** Der **Frühlings-K.** *A. verna*, der bis auf seine weiße Farbe dem **Grünen K.** ähnlich sieht, wächst im Frühsommer in warmen Laubwäldern; **giftig!**
Verwechslungen mit weißhütigen **Champignons** (⇨ S. 108) beruhen auf völliger Unkenntnis. Deren jung blass rosafarbene Lamellen werden älter schokoladenbraun.

**Grüner Knollenblätterpilz** tödlicher Giftpilz

**Kegelhütiger Knollenblätterpilz** Verwechslungsgefahr mit Champignons!

## Pantherpilz

*Amanita pantherina*

**An den weißen, regelmäßig angeordneten Hüllresten und der rundlichen Knolle mit dem wulstigen Rand ist der Pantherpilz gut bestimmbar.**

**Hut** bis 12 cm breit, halbkugelig, älter gewölbt bis ausgebreitet, Rand meistens gerieft, hell- bis dunkelbraun, mit kleinen, meist regelmäßig angeordneten, weißen Hüllresten besetzt, bisweilen nur spärlich, feucht etwas glänzend. **Lamellen** frei, relativ dicht stehend, untermischt, weiß. **Stiel** bis 12 cm lang, bis 2 cm dick, weiß, mit hängendem, häutigem, ungerieftem, manchmal abgefallenem Ring, Basis rundknollig, mit wulstigem Rand, zuweilen sind mehrere wulstige Zonen erkennbar. **Fleisch** im Hut ziemlich dünn, weiß; Geruch und Geschmack leicht rettichartig. **Spp.** weiß.

**Speisewert** Sehr giftig! Schon 1/2 bis 3 Stunden nach dem Verzehr treten schwere psychische, rauschartige Symptome auf, die einem Alkoholrausch ähnlich sind, mit Schwindel, Mattigkeit und Gehstörungen. Sie werden von einem Tiefschlaf abgelöst. Die Beschwerden klingen in der Regel nach etwa 10–15 Stunden ab.

**Vorkommen** MP eher wärmebegünstiger Nadel- und Laubwälder, auch in leicht sauren, sandigen Kiefern-, Eichen- und Buchenwäldern. Häufiger in montanen Lagen.

**Ähnlich** Der **Graue Wulstling** *A. excelsa (= A. spissa)* besitzt graubräunliche Hüllreste, einen weißlich-graubraunen, oft etwas genatterten Stiel und eine warzenartig besetzte, knollige Basis; **essbar**.

## Perlpilz

*Amanita rubescens*

**Wichtige Erkennungsmerkmale dieses Wulstlings sind das rötliche Fleisch unter der abgezogenen Huthaut sowie die rötlichen Fraßstellen.**

**Hut** bis 15 cm breit, halbkugelig, älter gewölbt bis ausgebreitet, Rand scharf; auf blass rosabraunem, gelbbraunem bis rötlich braunem Grund mit unregelmäßig verteilten, warzigen, abwischbaren, weißlich graubraunen bis rotbraunen Hüllresten besetzt, die bisweilen durch Regen spärlich vorhanden sein können. **Lamellen** frei, relativ dicht stehend, breit, untermischt, weiß, im Alter rosafleckig. **Stiel** bis 12 cm lang, bis 4 cm dick, weiß bis rötlichbraun, mit hängender, häutiger, geriefter, weißer Manschette, Basis knollig verdickt, mit flockigen Gürteln. **Fleisch** weich, manchmal wässrig, weiß, unter der Huthaut und an Fraßstellen rötlich gefärbt; Geruch und Geschmack oft dumpf, erdartig. **Spp.** weiß.

**Speisewert** Essbar, roh unbekömmlich.

**Vorkommen** Mykorrhizapilz in Nadel- und Laubwäldern und in Parkanlagen.

**Ähnlich** Nur unvorsichtige Sammler verwechseln den P. mit dem giftigen **Pantherpilz** oder dem essbaren **Grauen Wulstling**. Der giftverdächtige **Raue Wulstling** *A. franchetii* hat einen ockerbraunen Hut mit gelblich grauen Velumflocken. Sein Ring ist mit gelblichen Flocken berandet. §

*Der Perlpilz ist sehr variabel. Bei den Exemplaren unten herrschen gelbliche Farbtöne vor. Irgendwo finden sich aber meist doch rötliche Stellen.*

**Pantherpilz** typisch: Stielknolle mit kindersöckchenartig eingerolltem Rand

**Perlpilz** typisch: rötliche Stellen

## Wiesenchampignon, Wiesenegerling

*Agaricus campestris*

**Man achte auf die bereits jung erkennbare schwach rosaliche Färbung der Lamellen! Der Pilz gilbt nicht, und auch die Stielbasis wird nicht chromgelb.**

**Hut** bis 12 cm breit, halbkugelig, älter gewölbt bis ausgebreitet, glatt bis etwas angedrückt schuppig, Rand oft häutig behangen; weiß mit rosabräunlicher Tönung. **Lamellen** frei, relativ dicht stehend, breit, untermischt; jung zart bis kräftig rosa, älter schokoladenbraun, Schneiden weißlich bewimpert. **Stiel** bis 10 cm lang, bis 2 cm dick, Basis verjüngt; weiß, manchmal rosa überhaucht, mit hängendem, häutigem, weißem Ring, der bisweilen abfällt. **Fleisch** weiß, am Anschnitt höchstens schwach rosa anlaufend. **Spp.** purpurbraun.
**Speisewert** Essbar, guter Speisepilz.
**Vorkommen** Wiesen und Weiden, auf nährstoffreichen Böden, oft in Reihen und Ringen; nach warmen, trockenen Perioden mit nachfolgenden Regenfällen oft massenhaft.

**Wissenswert!** Die **Egerlinge** *Agaricus* umfassen etwa 75 Arten; Hüte weiß, gelblich oder braun, manchmal rötend oder gilbend; Lamellen frei, jung weißlich, älter schokoladenbraun; Stiele mit aufsteigenden oder hängenden Ring; Fleisch rötend, bräuned oder gilbend. Einige Egerlinge sind giftig. **Spp.** purpurbraun bis fast schwarz.

**Ähnlich** Verwechslungen mit den überaus giftigen weißen **Knollenblätterpilzen** (⇨ S. 104) sind auf Unkenntnis und grobe Fahrlässigkeit zurückzuführen.

**Verwandt** Der Stiel des **Stadtegerlings** *A. bitorquis* ist doppelt beringt. Er hebt Straßenasphalt hoch und wächst gern an Wegrändern; **essbar**.

## Karbolchampignon, Karbolegerling

*Agaricus xanthoderma*

**Auf die chromgelben Verfärbungen der Huthaut und der Stielbasis (mit dem Fingernagel reiben!) sowie den karbol- bis tintenartigen Geruch achten!**

**Hut** bis 15 cm breit, halbkugelig, älter gewölbt bis ausgebreitet, oft abgeflacht, glatt bis angedrückt schuppig; seidig weiß oder weißgrau bis bräunlich getönt, beim Reiben chromgelb verfärbend. **Lamellen** frei, relativ dicht stehend, breit, untermischt, jung zart rosa, bald rosarot und älter schokoladenbraun. **Stiel** bis 12 cm lang, bis 1,5 cm dick, fast zylindrisch, Basis etwas knollig verdickt, weiß, mit hängendem, häutigem, weißem Ring, der bisweilen auch abfällt. **Fleisch** weiß, im Hut manchmal schwach rosa, die angeschnittene Stielbasis verfärbt sich chromgelb; Geruch unangenehm karbol-, tinten- oder jodartig. **Spp.** purpurbraun.
**Speisewert** Giftig. Der Genuss kann starke Magen- und Darmbeschwerden mit Erbrechen und Durchfällen hervorrufen.

**Vorkommen** In Wiesen und Parkanlagen, an Gebüsch- und Waldrändern, gern auf nährstoffreichen Böden.

**Ähnlich** Der Hut des **Perlhuhn-Egerlings** *A. praeclaresquamosus* (= *A. placomyces*) ist gänzlich graubraun bis schwarzbraun und faserig-schuppig. Auch dieser Pilz verfärbt sich beim Reiben und am Anschnitt gelb. Er wächst in wärmeren Laubwäldern, in Parkanlagen und Trockenrasen; **giftig**. §

Wiesenchampignon, Wiesenegerling

Karbolchampignon, Karbolegerling

## Schiefknolliger Anisegerling

*Agaricus essettii*

**Der abgebogene Stiel mit der flachen, knolligen Basis sind typisch, das Gilben der Huthaut und der anisartige Geruch weitere gute Merkmale.**

**Hut** bis 14 cm breit, halbkugelig, älter gewölbt bis ausgebreitet, seidig glatt bis fein eingewachsen faserig, Rand manchmal häutig überstehend; weiß, bisweilen gelblich überhaucht, bei Druck gilbend. **Lamellen** frei, relativ dicht stehend, breit, untermischt, jung blass graurosa, älter fast schwarzbraun. **Stiel** bis 12 cm lang, bis 2 cm dick, kahl, mit hängendem, häutigem, weißem Ring, der bisweilen abfällt; Basis meist gebogen, Knolle charakteristisch abgestutzt (abgeflacht) endend; weiß, gilbend. **Fleisch** weißlich, im Stiel oft ausgestopft; Geruch anisartig. **Spp.** purpurbraun.

**Speisewert** Essbar, guter Speisepilz.

**Vorkommen** Meist in Nadelwäldern, in der Nadelstreu, seltener in reinen Laubwäldern.

**Wissenswert!** *A. essettii = A. abruptibulbus.*

**Ähnlich** Verwechslungen mit den giftigen weißen **Knollenblätterpilzen** (⇨ S. 104) sind auf Unkenntnis und grobe Fahrlässigkeit zurückzuführen.

**Verwandt** Der **Großsporige Anisegerling** *A. urinascens* (= *A. macrosporus*, kl. Bild) eine sehr große, fleischige Art, hat einen feinflockigen Stiel mit einem zahnradartigen Ring, riecht mandel- bis anisartig und ist an grasbewachsenen Stellen und Waldrändern zu finden; **essbar. §**

## Kleiner Waldchampignon

*Agaricus silvaticus*

**Der braunschuppige Hut, die jung rosafarbenen, älter schokoladenbraunen Lamellen und das im Schnitt stark rötende Fleisch sind gute Merkmale.**

**Hut** bis 10 cm breit, halbkugelig, älter gewölbt bis fast ausgebreitet, dünnfleischig, ocker- bis dunkelbraun, eingewachsen faserig, dicht anliegend feinschuppig, Rand oft häutig überstehend. **Lamellen** frei, dicht stehend, untermischt, jung hell graurosa, älter purpurbraun. **Stiel** bis 12 cm lang, bis 2 cm dick, mit hängendem, häutigem, weißem, bräunlich gerandetem Ring, zylindrisch, die Basis schwach knollig; weiß bis rosafarben, bei Verletzung rötend, später verfärbt er sich bräunlich. **Fleisch** weißlich, im Schnitt rasch rötend. **Spp.** purpurbraun.

**Speisewert** Guter Speisepilz.

**Vorkommen** Vorwiegend in Nadel-, seltener in Laubwäldern, oft in Gruppen.

**Wissenswert!** Braune Waldchampignons sind sehr variabel, viele Arten sind beschrieben.

**Ähnlich** Der **Große W.** *A. langei* hat breitfaserige, pinselartige, rotbraune Hutschuppen. Sein Fleisch verfärbt sich im Anschnitt sofort blutrot. Er wächst in Nadelwäldern auf Kalk; **essbar.** Der dunkelbraune **Breitschuppige Egerling** *A. lanipes* gilbt etwas in der Stielbasis und riecht hier anis- oder mandelartig; **essbar. §**

Der **Braune Kompostegerling** *A. vaporarius* (kl. Bild) wächst meist gruppenweise an humusreichen Stellen; sein Hut ist dunkelbraun, breit faserschuppig; auch sein Fleisch rötet; **essbar.**

**Schiefknolliger Anisegerling** typisch: Fleisch riecht nach Anis

**Kleiner Waldchampignon** typisch: stark rötendes Fleisch

## Spitzschuppiger Schirmling

*Lepiota aspera*

**Die spitzkegeligen Schuppen stehen wie regelmäßig angeordnete Zelte auf der rotbraunen Hutoberfläche. Die Lamellen stehen sehr eng beieinander.**

**Hut** bis 15 cm breit, kegelig bis glockig, später gewölbt bis ausgebreitet, dünnfleischig, rost- bis lehmbräunlich, manchmal mit gelblichen Tönen, meist dicht mit kegelwarzigen bis spitzkegeligen, abwischbaren Schuppen bedeckt, Hutrand anfangs durch einen spinnwebartigen Schleier mit dem Stiel verbunden. **Lamellen** frei, sehr dicht stehend, untermischt, oft gegabelt, dünn, weiß. **Stiel** bis 12 cm lang, bis 2 cm dick, oberhalb des hängenden, häutig-fädigen, braunrandigen Rings weiß, abwärts braunschuppig, Basis knollig. **Fleisch** weich, weiß; Geruch stark, widerwärtig, Geschmack unangenehm. **Spp.** weiß.
**Speisewert** Ungenießbar.
**Vorkommen** In Laubwäldern, seltener in reinen Nadelwäldern, auf nährstoffreichen Böden, gern in Laubstreu und grasigen Stellen.

**Ähnlich** Es gibt ca. 11 spitzschuppige bis ausgeprägt kegelwarzige Schirmlinge. Neuerdings werden diese Arten zu einer eigenen Gattung der **Stachelschirmlinge** *Echinoderma* zusammengefasst. Ihre Bestimmung erfordert viel Erfahrung. Alle diese Pilze sind ungenießbar oder gar giftig. Der **Kegelschuppige Schirmling** *L. hystrix* etwa ist dichter schwarzbraun schuppig und besitzt braune Lamellenschneiden. §

*Der Spitzschuppige S. ist am spinnwebartigen Schleier und den dicht stehenden Lamellen gut zu erkennen.*

## Wolliggestiefelter Schirmling

*Lepiota clypeolaria*

**Der Hutrand dieses Schirmlings ist oft mit wolligen Schüppchen besetzt, der Stiel mit weißen Velumresten bekleidet.**

**Hut** bis 8 cm breit, jung halbkugelig, älter gewölbt bis fast ausgebreitet mit stumpfem, glattem Buckel, dünnfleischig, hell cremefarben, mit kleinen, ockergelblichen bis braunen, fast wolligen Schüppchen bedeckt. **Lamellen** frei, mäßig gedrängt, untermischt, bauchig, dünn, Schneiden flockig, weiß. **Stiel** bis 10 cm lang, schlank, hell cremebräunlich, unterhalb der undeutlichen Ringzone weißlich wollig-flockig. **Fleisch** weiß; Geruch fruchtartig. **Spp.** weiß.
**Speisewert** Ungenießbar.
**Vorkommen** Laub- und Mischwälder.
**Wissenswert!** Die **Schirmlinge** *Lepiota* umfassen über 55 kleine bis mittelgroße Arten. Hut körnig, flockig oder schuppig, Hutmitte meist glatt; weiß, gelb, rötlich, braun, schwärzlich oder grünlich. Lamellen meist frei, weiß bis gelblich, mäßig bis sehr dicht stehend. Stiel mit flockigem, wolligem bis häutigem, manchmal vergänglichem Ring. Sporenpulver weiß bis cremefarben. Einige kleine Arten können Vergiftungen hervorrufen, die denen der Knollenblätterpilze (⇨ S. 104) ähneln. **Spp.** weiß, selten creme.

**Verwandt** Der **Stinkschirmling** *L. cristata*, ein kleiner Pilz mit weißlichem, braun gebuckeltem Hut und glattem, häutig beringtem Stiel, ist durch einen starken, eigenartig unangenehmen Geruch gekennzeichnet; **ungenießbar**.

Spitzschuppiger Schirmling

Wolliggestiefelter Schirmling

## Parasol, Riesenschirmling

*Macrolepiota procera*

**Schon durch seine stattliche Größe fällt der Pilz auf. Sein grobschuppiger Hut und der stark genatterte Stiel mit verschiebbarem Ring sind weitere Kennzeichen.**

**Hut** bis 30 cm breit, fast kugelförmig, älter gewölbt bis ausgebreitet mit stumpfem Buckel, jung bräunlich feinschuppig, später auf cremeweißem Grund braunschuppig aufbrechend, Mitte glatt. **Lamellen** frei, untermischt, breit, bauchig, weiß, älter bräunlich. **Stiel** bis 40 cm lang, bis 2 cm dick, Ring dickhäutig, flockig, verschiebbar, braun genattert, Basis breitknollig. **Fleisch** weiß, wattig weich, im Stiel längsfaserig, pelzig ausgestopft bis hohl; Geruch und Geschmack angenehm nussartig. **Spp.** weißlich.

**Speisewert** Guter Speisepilz. Meist werden nur die geöffneten, leicht gewölbten Hüte gesammelt; in der Küche dann paniert und gebacken. Junge und ältere Pilze sind zäh.

**Vorkommen** Laub- und Nadelwälder.

**Wissenswert!** Die **Riesenschirmlinge** *Macrolepiota* umfassen etwa 15 mittelgroße bis große Arten mit schuppigen, weißen, ockerfarbenen oder braunen Hüten und freien, weißen Lamellen. Der lange Stiel hat einen beweglichen Ring und eine knollige Basis. Bei 2 rötenden Arten wurde von Magen-Darm-Vergiftungen berichtet. Das Sporenpulver ist weiß bis blass rosafarben.

**Ähnlich** Der **Safranschirmling** *M. rachodes* ist etwas kleiner, sein Stiel ist nicht genattert, das Fleisch läuft safrangelb an; **essbar**; **Spp.** weißlich.

## Starkriechender Körnchenschirmling

*Cystoderma carcharias*

**Der hellbeigerosa gefärbte, stumpf gebuckelte Hut und der häutig beringte Stiel sowie der stechend staubartige Geruch kennzeichnen den Pilz.**

**Hut** bis 5 cm breit, jung kegelförmig, älter gewölbt bis ausgebreitet, oft stumpf gebuckelt, beige mit fleischrosa Tönung, feinkörnig-mehlig, Hutrand flockig. **Lamellen** angeheftet, gedrängt, untermischt, breit, dünn, weiß bis cremefarben. **Stiel** bis 7 cm lang, schlank, oben weiß, eingewachsen faserig, unter dem trichterförmigen Ring hutfarben, körnig-kleiig. **Fleisch** weißlich; Geruch staubartig, fast stechend, Geschmack ausgesprochen widerlich. **Spp.** weißlich.

**Speisewert** Ungenießbar.

**Vorkommen** Nadelwälder auf Kalk.

**Wissenswert!** Die **Körnchenschirmlinge** *Cystoderma* umfassen etwa 12 kleine bis mittelgroße Arten mit körnigen, weißen, ockergelblichen, orangefarbenen, rötlichen oder bräunlichen Hüten. Lamellen am Stiel meist angewachsen, dünn, weiß bis ockergelblich; Stiel unterhalb des flockigen bis häutigen Rings hutfarben und körnig-flockig; Fleisch geruchlos oder stark unangenehm. Alle gelten als **ungenießbar**. Ihr Sporenpulver ist weiß bis blass cremefarben.

**Verwandt** Der **Amiant-Körnchenschirmling** *C. amiantium*, wächst an ähnlichen Standorten und kann blassgelb, ocker- oder orangegelb, rostrot oder gar olivgelb gefärbt sein. Sein Stiel ist hutfarben, sein flockiger Ring vergänglich; **ungenießbar**.

Parasol, Riesenschirmling

Starkriechender Körnchenschirmling typisch: stechender Geruch

## Schopftintling

*Coprinus comatus*

**Ein langglockiger, grobschuppiger Hut, der sich rasch rosa verfärbt und alsbald schwarz zerfließt, ist kennzeichnend.**

**Hut** bis 15 cm hoch, bis 6 cm breit, langglockig über dem Stiel sitzend, weiß, faserig, mit groben, abstehenden, leicht bräunlichen Schuppen, sich vom Rand her bald rosa verfärbend, schließlich aufbiegend und tintenartig zerfließend. **Lamellen** dicht gedrängt, weiß, älter rosa, schließlich mit dem Hut zerfließend. **Stiel** bis 20 cm lang, bis 1,5 cm dick, mit konischer Spitze, glatt, hohl, längsfaserig, weiß. **Fleisch** zart, geruchlos. **Spp.** schwarz.

**Speisewert** Essbar, zarter Speisepilz.

**Vorkommen** In Wiesen, Feldern, Gärten, an Wegrändern, auf nährstoffreichen Böden, oft in sehr großer Zahl wachsend.

**Wissenswert!** Vom S. werden nur die Hüte mit noch weißen Lamellen geerntet. Dazu dreht man sie vom Stiel ab, der spargelartig aussehende Stiel bleibt stehen.

## Spechttintling

*Coprinus picaceus*

**Die glockenförmigen, lang gestielten Pilze fallen durch die zahlreichen weißen Hutflocken auf braunem Grund auf.**

**Hut** bis 10 cm hoch, bis 4 cm breit, lang glockenförmig, jung mit weißem Velum überzogen, bald in kleine, faserige Flöckchen aufreißend und die dunkelbraune bis schwarzbraune Huthaut freigebend. **Lamellen** dicht gedrängt, zunächst weiß, bald von außen her zartrosa verfärbend und schließlich mit dem Hut schwarz zerfließend. **Stiel** bis 15 cm lang, bis 1,5 cm dick, fast zylindrisch, oft tief im Laub steckend, zerbrechlich, fein weißflockig, hohl. **Fleisch** unter der Huthaut braun; Geruch gasartig, Geschmack unangenehm. **Spp.** schwarz.

**Speisewert** Ungenießbar.

**Vorkommen** In feuchten, humusreichen Laubwäldern auf kalkhaltigen Böden, gern in dichter Laubstreu. Oft standorttreu, manchmal auch massenhaft und überraschend auftretend.

## Faltentintling, Grauer Tintling

*Coprinus atramentarius*

**Die graubräunlichen Pilze fallen durch das meist büschelige Wachstum in Rasenflächen auf. Ihre Hüte sind fein faltenartig gezeichnet und reißen oft ein.**

**Hut** bis 10 cm hoch, 8 cm breit, fast eiförmig, älter glockig, längsfaltig, graubraun, Mitte mit bräunlichen Schüppchen bedeckt, später verkahlend, Rand aufbiegend und schließlich tintenartig zerfließend. **Lamellen** dicht gedrängt, weißgrau, bald graurosa, ebenfalls zerfließend. **Stiel** bis 15 cm lang, bis 1,5 cm dick, weiß, fein längsfaserig, abwärts verdickt, mit erkennbarer Ringzone, darunter braun-schuppig, hohl, brüchig. **Fleisch** grau, im Stiel weiß. **Spp.** schwarz.

**Speisewert** Bedingt essbar, Alkoholgenuss vor und nach der Pilzmahlzeit kann Vergiftungen auslösen. Der Inhaltsstoff Coprin führt zu einem metallischen Geschmack, Herzklopfen, erhöhten Puls, Hautrötungen, Kopfschmerzen und Atemnot und kann auch Übelkeit auslösen.

**Vorkommen** Wiesen, Felder und Gärten, an Wegrändern, auf nährstoffreichen Böden.

**Wissenswert!** Die **Tintlinge** *Coprinus* umfassen über 90 sehr kleine bis mittelgroße Arten, bei denen die Lamellen vom Hutrand her meist zerfließen. T. sind Fäulnisbewohner auf Erde, Streu, Dung oder Holz. Der größte Teil ist nur von Spezialisten sicher bestimmbar. **Spp.** schwarz.

**Verwandt** Der **Gesäte T.** *C. disseminatus*, ein attraktiver, kleiner Pilz, wächst an toten Laubholzstrünken; **ungenießbar**.

Schopftintling

Spechttintling

Faltentintling, Grauer Tintling

## Grünspanträuschling (🍴)

*Stropharia aeruginosa*

**Blaugrüne, weiß betupfte, am Hutrand behangene Hüte und beringte, weißschuppige Stiele sowie büscheliges Wachstum kennzeichnen diese attraktive Pilzart.**

**Hut** bis 8 cm breit, halbkugelig, älter flacher gewölbt, rundbuckelig, feucht etwas schleimig-glatt, dunkel blaugrün, älter gelblich verblassend, mit weißen Schüppchen besetzt, Rand behangen. **Lamellen** angewachsen, gedrängt, untermischt, blass graurosa, später violettbraun, Schneiden weißflockig. **Stiel** bis 10 cm lang, bis 1 cm dick, Spitze blass bläulich, Ring faserhäutig, älter vom herabgefallenen Sporenstaub braun gefärbt, abwärts mit abstehenden, faserigen Schuppen besetzt, Basis weißfilzig, mit weißen Myzelsträngen verbunden. **Fleisch** weiß bis blaugrün; Geruch muffig, Geschmack leicht metallisch. **Spp.** braunviolett.
**Speisewert** Bedingt essbar, minderwertig.
**Vorkommen** Laub- und Nadelwälder, auf vergrabenem Holz, an moosigen Stümpfen.

**Wissenswert!** Die **Träuschlinge** *Stropharia* umfassen etwa 16 kleine bis mittelgroße Arten mit weißen, gelblichen, blaugrünen oder bräunlichen, schleimigen bis schmierigen, manchmal mit Velumresten besetzten Hüten. Lamellen angewachsen, grau mit violettbrauner Tönung. Stiel fein längsfaserig bis flockig-schuppig, meist mit einer flockigen bis häutigen Ringzone. T. sind *Saprophyten* und leben von toten Pflanzenresten. Einige Arten gelten als giftverdächtig. **Spp.** lilagrau, lilabraun bis purpurbraun.

**Ähnlich** Der **Blaue Träuschling** *Stropharia caerulea (= S. cyanea)* hat einen faserig flockigen Stiel ohne Ring; **bedingt essbar**.

## Rotbrauner Riesenträuschling 🍴

*Stropharia rugosoannulata*

**Die oft sehr großen, fleischigen, zumeist rotbraunen Pilze mit den grauvioletten Lamellen und dem beringten Stiel sind kaum zu verwechseln.**

**Hut** bis 20 cm breit, halbkugelig, älter flacher gewölbt, fleischig, feucht fettig, trocken glatt, schuppig-felderig aufbrechend, grau- bis rotbraun, bisweilen weinrötlich überfasert. **Lamellen** angewachsen, fast gedrängt, jung hellgrau, dann grauviolettlich, alt schwarzviolett, Schneiden weiß, fein gekerbt. **Stiel** bis 15 cm lang, bis 2,5 cm dick, leicht keulig, Spitze weiß, fein gerieft, Ring häutig, weiß, vom Sporenstaub dunkelbraun gefärbt, abwärts hellgelblich überfasert, Basis mit dicken, weißen Myzelsträngen verbunden. **Fleisch** weiß; Geruch leicht rettichartig, Geschmack mild. **Spp.** braunviolett.
**Speisewert** Essbar; ungenügend erhitzt können aber Verdauungsbeschwerden auftreten.
**Vorkommen** Gärten und Felder, auf gedüngten Böden, auf Pflanzenresten.

**Wissenswert!** Der R. R. kommt in Amerika natürlich vor. In EU ist er ein beliebter Zuchtpilz und wird oft auf Strohballen gezüchtet. Er kommt als **Braunkappen** auf den Markt.

**Ähnlich** Der seltene, im Nadelwald vorkommende **Üppige Träuschling** *S. hornemannii* hat feucht einen stark schleimigen Hut, der Stiel ist unterhalb des Rings stark schuppig; **giftverdächtig**.

*Typisch gefärbte Fruchtkörper des Rotbraunen R.*

Grünspanträuschling

Rotbrauner Riesenträuschling ein beliebter Zuchtpilz

## Rauchblättriger Schwefelkopf *Hypholoma capnoides*

**Graue Lamellen kennzeichnen den an Nadelholzstümpfen wachsenden Pilz.**

**Hut** 10 cm halbkugelig, älter etwas flacher; feucht gelbockerfarben bis gelbbraun, am Rand bisweilen graugelb. **Lamellen** angewachsen, relativ dicht stehend, jung blass, bald rauchgrau. **Stiel** bis 10 cm schlank, heller als der Hut, Basis bräunlich. **Fleisch** weiß; Geruch unbedeutend, Geschmack mild, angenehm. **Spp.** graubraun.
**Speisewert** Essbar. Guter Speisepilz.
**Vorkommen** Das ganze Jahr über; meist büschelig wachsend an Nadelholzstümpfen.

## Grünblättriger Schwefelkopf *Hypholoma fasciculare*

**Bei dieser Schwefelkopfart herrschen grüngelbe Farbtöne vor.**

**Hut** bis 8 cm halbkugelig, älter abflachend; glatt, orangegelb oder schwefelgelb, Rand bisweilen gelbgrünlich. **Lamellen** angewachsen, relativ dicht stehend, schwefelgelb, älter graugrün. **Stiel** bis 10 cm lang, schlank, hutfarben, Basis bräunlich. **Fleisch** hellgelb; Geruch unbedeutend, Geschmack sehr bitter. **Spp.** braunviolett.
**Speisewert** Giftig, verursacht schwere Magen- und Darmbeschwerden.
**Vorkommen** An totem Nadel- u. Laubholz.

## Ziegelroter Schwefelkopf
*Hypholoma sublateritium*

**An seinen ziegelroten Hüten und dem meist kräftigen Wuchs gut erkennbar.**

**Hut** bis 10 cm, ziegelrot, Rand hellgelb, mit anliegenden Velumresten bedeckt. **Lamellen** hellgelb, älter olivbraun. **Stiel** bis 12 cm lang, hellgelb, abwärts bräunlich. **Fleisch** hellgelb; Geschmack bitter. **Spp.** grauviolett.
**Speisewert** Ungenießbar.
**Vorkommen** Auf totem Laubholz.
**Wissenswert!** Die **Schwefelköpfe** *Hypholoma*, ca. 14 Arten, Hüte gelb, olivgelb bis rötlichbraun, trocken, wachsen meist büschelig an Holz; **Spp.** grauviolett-graubraun.

## Sparriger Schüppling
*Pholiota squarrosa*

**Hüte trocken, braun sparrig-schuppig auf gelbem Grund; büschelig wachsend.**

**Hut** bis 15 cm, gewölbt, trocken, gelbbraun, dicht mit abstehenden, fuchsbraunen Schuppen besetzt. **Lamellen** angewachsen, wachsgelb, älter rostfarben. **Stiel** bis 15 cm lang, bis 2,5 cm dick, sparrig-schuppig, abwärts bräunlich. **Fleisch** gelblich; Geruch nach morschem Holz oder Stroh, Geschmack bitter, rettichartig. **Spp.** graubraun.
**Speisewert** Bedingt essbar, meist stark bitter.
**Vorkommen** Am Stammgrund von Nadel- und Laubhölzern sowie Obstbäumen.

## Goldfellschüppling
*Pholiota cerifera (= P. aurivella)*

**Die Hutschüppchen sind abwischbar. Der Pilz wächst oft hoch über dem Boden.**

**Hut** bis 15 cm breit, meist gewölbt, zitronen-, gold- bis ockergelb, dunkle Schüppchen in Schleim schwimmend, trocken festklebend. **Lamellen** blass, älter rostbraun. **Stiel** bis 12 cm lang, bis 2,5 cm dick, hellgelb, trocken, mit faseriger Ringzone, abwärts bräunlich schuppig. **Fleisch** hellgelb; Geschmack säuerlich. **Spp.** rostbraun.
**Speisewert** Bedingt essbar.
**Vorkommen** Büschelig an lebendem und totem Laubholz, oft in Astlöchern u. -gabeln.

## Pappelschüppling
*Pholiota populnea (= P. destruens)*

**Die kräftigen Pilze fallen durch die weißen Velumreste des Huts und Stiels auf.**

**Hut** bis 15 cm blass grau- bis ockerbräunlich, faserig-wollig schuppig, Rand überstehend. **Lamellen** blass, älter rostbraun. **Stiel** bis 12 cm lang, bis 2,5 cm dick, faserflockig. **Fleisch** weißlich; Geschmack stark bitter.
**Speisewert** Ungenießbar.
**Vorkommen** An toten und lebenden Pappeln.
**Wissenswert! Schüpplinge** *Pholiota*, 32 Arten, sind entweder kahl, filzig oder schuppig, trocken oder schleimig und wachsen an Holz und Pflanzenresten. **Spp.** rostbraun.

Rauchblättriger Schwefelkopf

Grünblättriger Schwefelkopf

Ziegelroter Schwefelkopf

Sparriger Schüppling

Goldfellschüppling

Pappelschüppling

## Stockschwämmchen

*Kuehneromyces mutabilis*

**Der feucht fettig glänzende Hut, der trocken von der Mitte her ausblasst, und der braune Ring sind kennzeichnend.**

**Hut** bis 8 cm breit, gewölbt, glatt, feucht fettig glänzend, gelb- bis zimtbraun, trocken von der Mitte her ausblassend, Rand schwach gerieft und feucht länger dunkel bleibend, jung bisweilen mit Velumresten behangen. **Lamellen** mit Zahn herablaufend, jung hellocker, später rostbraun. **Stiel** bis 8 cm lang, schlank, oft gebogen, zäh, hohl, Spitze hell gelblich, unterhalb des aufsteigenden, aber nach unten hängenden, faserhäutigen, oft vergänglichen Rings bräunlich sparrig schuppig. **Fleisch** blass cremefarben, im Stiel braun. **Spp.** rostbraun.
**Speisewert** Guter Speisepilz, als Suppenpilz.
**Vorkommen** An morschen Laub- und Nadelholzstümpfen, meist büschelig wachsend.
**Wissenswert!** Die 2. Art der Gattung, das **Glattstielige Frühlingsstockschwämmchen** *K. myriadophyllus* (= *K. lignicola* = *K. vernalis*), ist in höheren Bergnadelwäldern zu finden. Es hat feinflockige Lamellenschneiden und einen längsfaserigen Stiel und riecht schwach rettichartig; **bedingt essbar**.

**Ähnlich** Gefährlich ist eine Verwechslung mit dem mehlartig riechenden **Gifthäubling** (⇨ unten), der an Nadelholz, aber auch an Laubholz vorkommt. Auch Verwechslungen mit **Schwefelkopf**-Arten und **Schüpplingen** sind denkbar (⇨ S. 120).

*Der faserhäutige Ring des Stockschwämmchens wird durch herabfallendes Sporenpulver bräunlich gefärbt.*

## Gifthäubling

*Galerina marginata*

**Dieser mehlartig riechende Häubling ist der klassische giftige Doppelgänger des Stockschwämmchens (s. oben). Seine Ringzone ist weniger ausgeprägt.**

**Hut** bis 4 cm breit, dünnfleischig, jung gewölbt, älter abgeflacht, schwach gebuckelt bis leicht vertieft, kahl, glatt, feucht ocker- bis honigbraun, mit schwach gerieftem Rand, trocken hell gelbbraun verblassend. **Lamellen** angewachsen, untermischt, jung hell ockerfarben, später rostbraun. **Stiel** bis 6 cm lang, schlank, älter hohl, Spitze hell honigfarben, fein weißlich bereift; Ring hell, bald durch Sporenstaub bräunlich, faserhäutig, oft vergänglich; Stiel bräunlich, weißfaserig überzogen, Basis weißfilzig. **Fleisch** zart ockerfarben getönt; Geruch und Geschmack mehlartig. **Spp.** rostbräunlich.
**Speisewert** Sehr giftig! Enthält ähnliche Giftstoffe (Amatoxine) wie der Kegelhütige und der Grüne Knollenblätterpilz (⇨ S. 104).
**Vorkommen** An Nadelholz, gelegentlich aber auch an Laubholz, an moosigen Stümpfen, vergrabenen Ästen oder Holzhäckseln.
**Wissenswert!** Die **Häublinge** *Galerina* sind über 40 kleine, dünnfleischige Arten; Hüte glockig-kegelig, trocken bis schmierig, feucht durchscheinend gerieft, gelb- bis rostbräunlich, trocken ausblassend; Lamellen angewachsen, ocker- bis rostbraun; alle keine Speisepilze. **Spp.** gelbbraun bis rostbräunlich.

*Der Stiel des Gifthäublings ist schwach faserhäutig beringt und abwärts auf bräunlichem Grund weißlich flockig überzogen.*

**Stockschwämmchen** Verwechslungsgefahr mit Gifthäublingen

**Gifthäubling** Gefährlicher Giftpilz mit mehlartigem Geruch

## Ziegelroter Risspilz

*Inocybe erubescens*

**Die meist im Frühsommer wachsenden Fruchtkörper röten sehr stark.**

**Hut** bis 7 cm breit, kegelig, stumpfbuckelig, eingewachsen radialfaserig, Rand einreißend, strohbräunlich, rötlichbraun verfärbend. **Lamellen** angewachsen, weißlich, älter olivbräunlich, rötend, Schneiden weiß. **Stiel** bis 10 cm lang, bis 2 cm dick, weißlich, älter ziegelrot, faserig. **Fleisch** weiß, rötend; Geruch obstartig. **Spp.** ockerbraun.
**Speisewert** Sehr giftig, muscarinhaltig (⇨ S. 72)
**Vorkommen** MP in Laubwäldern, gerne in Parkanlagen, auf kalkhaltigen Böden.

## Kegeliger Risspilz

*Inocybe rimosa*

**Dieser Risspilz ist äußerst variabel. Die Bestimmung erfordert Erfahrung.**

**Hut** bis 9 cm breit, meist kegelig, eingewachsen radialfaserig-streifig, Rand oft eingerissen, strohgelb bis ockerbraun. **Lamellen** angewachsen, weißlich, älter olivbräunlich, Schneiden weißflockig. **Stiel** bis 8 cm lang, schlank, faserig, heller als Hut, weiß bereift. **Fleisch** weiß; Geruch muffig, etwas spermatisch. **Spp.** ockerbraun.
**Speisewert** Sehr giftig, muscarinhaltig (⇨ S. 72
**Vorkommen** MP in Laub- und Nadelwäldern, Parkanlagen, gerne an Wegrändern.

## Seidiger Risspilz

*Inocybe geophylla*

**Dieser kleine, weiße Risspilz wächst gern an krautigen Wegrändern.**

**Hut** bis 4 cm meist gewölbt, stumpf gebuckelt, seidig, cremeweiß. **Lamellen** angewachsen, blassocker, älter ockerbraun, Schneiden weißflockig. **Stiel** bis 6 cm lang, dünn, weiß, längsfaserig. **Fleisch** weiß; Geruch etwas spermatisch. **Spp.** ockerbraun.
**Speisewert** Sehr giftig, muscarinhaltig (⇨ S. 72)
**Vorkommen** MP im Laub- und Nadelwald.
**Wissenswert!** Bei **Risspilzen** *Inocybe*, ca. 250 Arten, Hüte oft kegelförmig, Rand rissig, Lamellen ockerbräunlich. **Spp.** ockerbraun.

## Weißer Risspilz

*Inocybe fibrosa*

**Dieser kräftige Risspilz erinnert an ähnlich weiß gefärbte Ritterlinge.**

**Hut** bis 10 cm, gewölbt, oft breit gebuckelt, seidig, fein faserig, cremeweiß. **Lamellen** angewachsen, hell ockerfarben, älter graubraun, Schneiden weißflockig. **Stiel** bis 9 cm lang, stämmig, weiß, längsfaserig. **Fleisch** weiß; Geruch spermatisch. **Spp.** ockerbraun.
**Speisewert** Sehr giftig, muscarinhaltig (⇨ S. 72)
**Vorkommen** MP im Laub- und Nadelwald.

**Ähnlich** Der **Fliederweiße R.** *I. sambucina* wächst gern unter Kiefern, kalkmeidend. **§**

## Rettichfälbling

*Hebeloma sinapizanz*

**Der durchgeschnittene Pilz zeigt in der Stielspitze einen keilförmigen Zapfen.**

**Hut** bis 12 cm rosabräunlich bis ockerbraun, Mitte oft dunkler, glatt. **Lamellen** angewachsen, hell, alt zimtbraun, Schneiden weiß bewimpert. **Stiel** bis 7 cm lang, bis 2,5 cm dick, weißlich, faserig-schuppig, Basis verdickt. **Fleisch** weiß; Geruch rettichartig, Geschmack bitter. **Spp.** rostbraun.
**Speisewert** Giftig (Verdauungsbeschwerden).
**Vorkommen** MP im Laub- und Nadelwald.
**Wissenswert!** Die Gerüche anderer **Fälblinge** erinnern an Marzipan oder Kakao.

## Tongrauer Tränenfälbling

*Hebeloma crustuliniforme*

**Typisch sind der lange Stiel und die tränenden Lamellenschneiden.**

**Hut** bis 10 cm oft gebuckelt, tonweißlich bis graubraun, glatt. **Lamellen** gebuchtet, weißlich, alt hellgraubraun, Schneiden schartig, tränend. **Stiel** bis 7 cm lang, schlank, weißlich, flockig. **Fleisch** weiß; Geruch rettichartig, Geschmack bitter. **Spp.** braun.
**Speisewert** Giftig (Verdauungsbeschwerden).
**Vorkommen** MP im Laub- und Nadelwald.
**Wissenswert!** Bei **Fälblingen** *Hebeloma*, ca. 60 Arten, Hüte meist tonfarben-bräunlich, Lamellen tongrau-braun, Stielspitze flockig.

Ziegelroter Risspilz

Kegeliger Risspilz

Seidiger Risspilz

Weißer Risspilz

Rettichfälbling

Tongrauer Tränenfälbling

## Blutroter Hautkopf

*Cortinarius (Dermocybe) sanguineus*

**Hautköpfe sind farbenfreudig und nicht einfach zu bestimmen. Diese Art ist aber an ihren blutroten Farben und dem Standort auf sauren Böden zu erkennen.**

**Hut** bis 5 cm breit, gewölbt, bisweilen stumpf gebuckelt, fein faserig bis filzig, matt, einheitlich dunkelrot, älter schmutzig rotbraun, trocken ausbleichend. **Lamellen** ausgebuchtet, untermischt, relativ breit, lebhaft blutrot, älter von den Sporen rostbraun bestäubt. **Stiel** bis 8 cm lang, schlank, Basis leicht verdickt, auf hellrotem Grund rotbraun längs überfasert. **Fleisch** dünn, rötlich; Geruch etwas rettichartig. **Spp.** rostbraun.
**Speisewert** Giftig, wirkt abführend.
**Vorkommen** Mykorrhizapilz in montanen, feuchten Nadelwäldern, auf sauren Böden.
**Wissenswert!** Die über 25 Arten der **Hautköpfe** *Dermocybe* werden meist als eine Untergattung der **Haarschleierlinge** *Cortinarius* angesehen, alle sind Mykorrhizapilze. Sie haben trockene, dünnfleischige Hüte mit lebhaft gelben, roten oder grünlichen Farben. Oft sind die Lamellen hutfarben, die Stiele teils mit farbigen Fasern überzogen. Die Farbstoffe der Hautköpfe sind zum Färben von Textilien (Wolle) geeignet. Die meisten Pilze dieser Gruppe gelten zumindest als giftverdächtig. **Spp.** rostbraun.

**Verwandt** Der **Blutblättrige Hautkopf** *C. semisanguineus* hat einen oliv- bis gelbbräunlich gefärbten Hut, sein Stiel ist messingfarben; **giftig**.

## Zimthautkopf

*Cortinarius (Dermocybe) cinnamomeus*

**Hautköpfe mit gelblichen bis orangefarbenen Lamellen sind, wenn die Lamellen durch das rostbraune Sporenpulver verfärbt sind, nur schwer auseinander zu halten.**

**Hut** bis 5 cm breit, gewölbt, später abgeflacht, oft stumpf gebuckelt, trocken, fein faserig bis filzig-schuppig, matt, oliv- bis rötlich braun, Randzone oft etwas heller. **Lamellen** angewachsen, untermischt, relativ breit, jung zimtfarben mit orangefarbenen Tönen, älter rostfarben, Schneiden heller. **Stiel** bis 6 cm lang, schlank, Basis leicht verdickt, Spitze hellgelb, abwärts dunkler, bräunlich überfasert. **Fleisch** gelblich, im Hut mit orangeroten Tönen; Geruch etwas rettichartig. **Spp.** rostbraun.
**Speisewert** Giftig, wie alle Hautköpfe.
**Vorkommen** Mykorrhizapilz in montanen Nadelwäldern, oft unter Fichten und Kiefern, seltener in Laubwäldern, auf sauren Böden, einzeln bis gesellig wachsend.

**Ähnlich** Der **Orangeblättrige Hautkopf** *C. sommerfeltii (= C. cinnamomeobadius)* hat einen konzentrisch gezonten Hut mit dunklerer Mitte, Lamellen und Stiel sind orangegelblich. Der seltene **Orangerandige H.** *C. malicorius (= croceifolius)* mit orangefarbenem Hutrand und kräftig orangen Lamellen wächst in Bergnadelwäldern auf Kalk; beide Arten sind **giftig**.
Der Hutrand des **Safranblättrigen H.** *C. croceus* (kl. Bild) ist gelb. Seine Lamellen sind jung schwefelgelb, die Stielbasis hat eine rostbraune Färbung; **giftig**.

Blutroter Hautkopf

Zimthautkopf Hautköpfe sind oft schwer bestimmbar.

## Dunkelvioletter Schleierling

(🍴)

*Cortinarius violaceus*

**An den durchgehend dunkelvioletten Farben, dem samtigen bis feinfilzigen Hut und den älter rostbräunlichen Lamellen ist diese Art gut zu erkennen.**

**Hut** bis 15 cm breit, halbkugelig, später gewölbt, manchmal mit breitem Buckel, trocken, samtig bis fein filzig-schuppig, dunkel blauviolett, älter bisweilen bräunlich getönt. **Lamellen** angewachsen, untermischt, eher weit stehend, jung satt violett, älter durch Sporen rostbräunlich bestäubt. **Stiel** bis 12 cm lang, bis 2 cm dick, abwärts keulig verdickt, Knolle bis 4 cm dick, jung violett, mit faseriger Cortina, abwärts oft genattert, wie gegürtelt. **Fleisch** dunkel- bis hellviolett, frisch wie marmoriert; Geruch stark nach Juchtenleder, Zedernholz oder Zigarrenkisten, Geschmack dumpf. **Spp.** rostbraun.
**Speisewert** Bedingt essbar; kein empfehlenswerter Speisepilz.
**Vorkommen** Mykorrhizapilz in montanen, feuchten Nadel- und Laubwäldern.

**Wissenswert!** Die Pilze der (Haar-) **Schleierlinge** *Cortinarius*, über 500 Arten, sind in 6 Untergattungen zusammengefasst. Sie sind äußerst variabel. Es handelt sich um kleine bis sehr große Fruchtkörper, deren Lamellen beim noch jungen Pilz von einem faserigen, spinnwebartigen Schleier, der sog. Cortina, überspannt sind, der den Hutrand mit dem Stiel verbindet (Bild ⇨ S. 132). Das Universalvelum kann schwach bis sehr stark entwickelt, reifartig, wollig bis häutig, trocken oder schleimig sein. Alle Schleierlinge sind Mykorrhizapilze. Nur wenige Arten sind essbar, viele ungenießbar und einige äußerst giftig. **Spp.** hell bis dunkel rostbraun.

**Ähnlich** Manchmal wird eine Nadelwald- (ssp. *hercynicus*) und eine Laubwald-Unterart (ssp. *violaceus*) unterschieden. Unerfahrene Sammler könnten ihn für einen **Violetten Rötelritterling** (⇨ S. 74) halten.

## Orangefuchsiger Raukopf

☠

*Cortinarius (Leprocybe) orellanus*

**Ein rostoranger, fein faserschuppiger Hut und ein gelblicher bis messingfarbener Stiel kennzeichnen diesen die Nieren schwer schädigenden Giftpilz.**

**Hut** bis 8 cm breit, gewölbt, später flacher mit breitem Buckel, trocken, samtig, dann fein filzig bis angedrückt schuppig, orangefuchsig bis rostbräunlich. **Lamellen** ausgebuchtet, untermischt, eher weit stehend, bauchig, Schneiden uneben bis schartig; jung zimtorange, älter rostbräunlich. **Stiel** bis 8 cm lang, bis 1,5 cm dick, schlank, Basis bisweilen leicht verdickt, aber spitz zulaufend, älter hohl, matt messingfarben, rotbräunlich überfasert. **Fleisch** blass gelblich, abwärts leicht bräunlich; Geruch etwas rettichartig. **Spp.** rostbraun.
**Speisewert** Tödlich giftig! Vergiftungserscheinungen erst nach 2 bis zu 17 Tagen, mit Schmerzen in der Lendengegend, Übelkeit und Erbrechen, Kopfschmerzen, Müdigkeit, trockenem Mund, starkem Durst. §

**Vorkommen** Mykorrhizapilz wärmebegünstigter Laubwälder, selten unter Kiefern.
**Wissenswert!** Die **Rauköpfe** *Leprocybe*, etwa 28 Arten, sind durch trockene, feinfilzige bis faserschuppige Hüte, trockene Stiele sowie gelbe bis rostbraune Lamellen gekennzeichnet. **Spp.** rostbraun.

**Ähnlich** Der **Spitzbuckelige R.** *C. rubellus* (= *C. speciosissimus*), eine häufige Art saurer Bergnadelwälder, ist spitz gebuckelt, sein Stiel natternartig gezeichnet; **giftig!**

**Dunkelvioletter Schleierling** typisch: starker Zedernholzgeruch

**Orangefuchsiger Raukopf** jung mit Pfifferlingen verwechselbar, gefährlicher Giftpilz!

## Bocksdickfuß

*Cortinarius (Sericeocybe) camphoratus*

**Ein durch die violetten Farben und den unangenehmen Geruch geprägter Dickfuß. Durchgeschnitten erkennt man sein violettes Fleisch.**

**Hut** bis 10 cm breit, gewölbt, später abgeflacht, eingewachsen faserig-filzig, fast glatt, matt, hell lilaviolett, älter verblassend mit ockerbräunlichen Stellen; Rand länger violett, jung durch einen weißen Schleier mit dem Stiel verbunden. **Lamellen** angewachsen, untermischt, mäßig gedrängt, schön blauviolett, älter rostbräunlich. **Stiel** bis 10 cm lang, bis 2,5 cm dick, Basis bisweilen verdickt, Spitze blauviolett, jung hell lilaviolett überfasert, später verkahlend, hell bräunlich fleckend. **Fleisch** weißlich, im Stiel und über den Lamellen violettlich; Geruch sehr stark unangenehm, an faule Kartoffeln erinnernd (Bocksgestank). **Spp.** rostbraun.

**Speisewert** Ungenießbar.

**Vorkommen** Mykorrhizapilz saurer Nadelwälder, oft an feuchten, moosigen Stellen.

**Wissenswert!** Die **Seidenköpfe** *Sericeocybe*, rund 30 Arten, sind durch meist trockene, seidige oder glimmerige, seltener feinschuppige Hüte, trockene Stiele und blaue bis violette oder tonfarbene bis rostbraune Lamellen gekennzeichnet. **Spp.** rostbraun.

**Ähnlich** Der **Safranfleischige Dickfuß** *C. traganus* hat ein safrangelbes Fleisch und riecht ein wenig nach Äther; ein MP in Laub- und Nadelwäldern auf sauren Böden; schwach **giftig**.

## Honigschleimfuß

*Cortinarius (Myxacium) stillatitius*

**Besonders bei nassem Wetter ist der Hut und der violettblaue Stiel stark schleimig überzogen. Typisches Merkmal ist die honigartig riechende Stielbasis.**

**Hut** bis 8 cm breit, fast halbkugelig, später glockig bis gewölbt, bisweilen abgeflacht mit stumpfem Buckel, feucht stark schleimig, abtrocknend etwas klebrig, ockerbräunlich, manchmal mit oliven Tönen, älter ausbleichend. **Lamellen** angewachsen, untermischt, mäßig gedrängt, Schneiden gekerbt, blass graulila, älter rostbraun. **Stiel** bis 10 cm lang, bis 1,5 cm dick, zylindrisch, Basis etwas verjüngt, auf weißlichem, faserigem Grund schleimig, violettlich überzogen, Spitze durch herabfallende Sporen rostbräunlich gefärbt. **Fleisch** schmutzig weiß; Geruch in der Stielbasis honigartig, Geschmack mild; **Spp.** rostbraun.

**Speisewert** Bedingt essbar.

**Vorkommen** MP in Nadelwäldern, auf sauren Böden, oft zwischen Heidelbeeren.

**Wissenswert!** Die **Schleimfüße** *Myxacium*, etwa 35 Arten, sind durch schleimige Hüte und Stiele gekennzeichnet. Wenige Arten sind essbar, einige schmecken bitter. **Spp.** rostbraun.

**Ähnlich** Der **Langstielige S.** *C. lividoochraceus (= C. elatior)* wächst unter Laubbäumen, sein Hut ist meist radialrunzelig, die Lamellen sind jung lila, der spindelig wurzelnde, braune Stiel weist eine blauviolette Ringzone auf und riecht leicht honigartig; **bedingt essbar**.
Der **Blaustiel-Schleimfuß** *C. muscigenus (= C. collinitus)* (kl. Bild) ist der klassische Doppelgänger und wächst an ähnlichen Standorten. Sein Hut ist aber rotbraun, die Stielbasis riecht nicht nach Honig; **bedingt essbar**.

**Bocksdickfuß** typisch: riecht sehr unangenehm

**Honigschleimfuß** typisch: Stielbasis riecht honigartig

## Ziegelgelber Schleimkopf

*Cortinarius (Phlegmacium) varius*

**Der feucht schleimige, gelbbraune Hut und die blauvioletten Lamellen sowie der Standort sind gute Merkmale. Die verschmutzte Hutoberfläche lässt sich oft nur mühsam reinigen.**

**Hut** bis 12 cm breit, gewölbt, später abgeflacht, bisweilen unregelmäßig verbogen, Rand nach unten gebogen; feucht schleimig-schmierig, trocken etwas klebrig, glatt, gelbbräunlich bis semmelbraun, Mitte bisweilen fuchsbraun. **Lamellen** angewachsen, untermischt, mäßig gedrängt, jung zart blauviolett, älter durch die Sporen rostbräunlich. **Stiel** bis 8 cm lang, bis 2 cm dick, meist keulig, Spitze schwach blauviolett, ansonsten weiß, die faserige Ringzone ist bald durch herabfallende Sporen rostbraun bestäubt. **Fleisch** weiß bis cremefarben, fest. **Spp.** rostbraun.

**Speisewert** Essbar, guter Speisepilz.

**Vorkommen** MP der Fichte in eher montanen Nadelwäldern, auf kalkhaltigen Böden.

**Wissenswert!** Die **Schleimköpfe** und die **Klumpfüße** *Phlegmacium*, über 180 Arten, sind durch schmierig-schleimige (selten fast trockene) Hüte, weißliche, bräunliche, gelbe, grüne, blaue bis violette Lamellen sowie trockene, knollige bis gerandet-knollige Stiele gekennzeichnet, die Cortina (kl. Fotos oben und unten) ist oft ausgeprägt. Nur wenige sind essbar, einige gelbfleischige Arten sehr giftig. **Spp.** rostbraun.

*Die herabfallenden Sporen färben den seidenfaserigen Haarschleier (Cortina) am Stiel bald rostbräunlich.*

## Anisklumpfuß

*Cortinarius (Phlegmacium) odorifer*

**Dem feucht stark schleimigen, kupferbraunen Klumpfuß entströmt ein starker anisartiger Geruch.**

**Hut** bis 10 cm breit, gewölbt, später flacher, Rand nach unten gebogen, feucht schleimig-schmierig, trocken klebrig, glatt, kupferbräunlich, zum Rand hin heller gelbbräunlich oliv, sogar violettlich; Rand jung, mit seidig-faserigem, grüngelblichem Velum mit dem Stiel verbunden. **Lamellen** angewachsen, untermischt, eher gedrängt, zitronen- oder olivgelb, älter rostbraun. **Stiel** bis 8 cm lang, bis 2 cm dick, hellgelblich, mit blassgelber Cortina, durch herabfallende Sporen bald zimtbraun bestäubt, Basis mit gerandeter Knolle. **Fleisch** gelbgrünlich; Geruch u. Geschmack stark anisartig. **Spp.** rostbraun.

**Speisewert** Essbar.

**Vorkommen** Mykorrhizapilz montaner Nadelwälder, auf Kalk- und Silikatböden.

**Wissenswert!** Bei der Bestimmung von Schleimköpfen und Klumpfüßen können Reagenzien hilfreich sein. Beim Betupfen der Huthaut oder des Fleisches mit 20–40 %igen Laugen verfärben sich diese oft gelb oder braun mit gelber Umrandung.

**Ähnlich** Der **Kupferrote K.** *C. cupreorufus* (= *C. orichalceus*) wächst ebenfalls im Nadelwald. Sein weißes, in der Rinde grünlich gefärbte Fleisch ist geruchlos; **essbar**. §

*Der seidenfaserige Schleier, der jung die Lamellen überspannt, ist bei den Schleimköpfen und Klumpfüßen besonders ausgeprägt.*

**Ziegelgelber Schleimkopf** wird auch Semmelbrauner Schleimkopf genannt

**Anisklumpfuß** typisch: gelbes Fleisch mit starkem Anisgeruch

## Schleiereule

*Cortinarius (Phlegmacium) praestans*

**Die Schleiereule ist ein kompakter, schwerer Pilz und mit seinen weißen, angedrückt faserschuppigen Velumresten auf dem Hut gut kenntlich.**

**Hut** bis 20 cm breit, halbkugelig, mit eingerolltem Rand, älter abgeflacht, feucht schmierig-klebrig, jung violett bis braunviolett, von weißbläulichem Velum überzogen, später wie gesprenkelt; Hutrand oft runzelig, jung seidig-faserig mit dem Stiel verbunden. **Lamellen** angewachsen, untermischt, weißgrau bis blassviolett, später zimtbräunlich. **Stiel** kräftig, bis 15 cm lang, bis 5 cm dick, zylindrisch bis keulig-knollig, vom weißvioletten, faserigen bis fast häutig erscheinenden Velum gürtelartig überzogen. **Fleisch** weißlich, im Stiel bläulich, fest. **Spp.** rostbraun.
**Speisewert** Essbar, vor allem in Italien ein begehrter Speisepilz. §
**Vorkommen** MP wärmebegünstigter Laubwälder, besonders unter Buchen, im Süden auch Edelkastanien, auf kalkreichen Böden.

**Ähnlich** Der **Taubenblaue Schleimkopf** *C. cumatilis* wächst in Nadel-, seltener auch in Laubwäldern. Er ist kleiner, sein Hut bläulich violett, meist irgendwie grauweißlich überhaucht, manchmal mit weißen Velumflecken besetzt, die Lamellen sind jung weißlich. Außerdem ist der Stiel vom Velum violett beschuht; **essbar.** §

*Am Stiel einer jungen Schleiereule, auch Blaugestiefelter Schleimkopf genannt, sind die weißlich blauen Velumgürtel noch gut zu erkennen.*

## Erdigriechender Schleimkopf

*Cortinarius (Phlegmacium) variecolor*

**Dieser Schleimkopf ist an seinem eingewachsen faserigen Hut, dem violetten Rand und dem staubartigen Geruch gut zu erkennen.**

**Hut** bis 15 cm breit, halbkugelig, älter flacher, feucht schmierig, glatt, eingewachsen faserig, jung oft gänzlich lilaviolett, älter dunkler bräunlich, Rand lange violettlich bleibend. **Lamellen** angewachsen, untermischt, eher eng stehend, blassviolett, älter rostbräunlich. **Stiel** bis 10 cm lang, bis 2,5 cm dick, keulig bis bauchig, faserig, jung violett, abwärts bräunlich, Schleier blassviolett, bald vom Sporenpulver rostbräunlich überstäubt. **Fleisch** frisch lilafarben, später weißlich verblassend; Geruch besonders älter unangenehm erdig (feuchter Straßenstaub, Rote Bete). **Spp.** rostbraun.
**Speisewert** Ungenießbar.
**Vorkommen** Mykorrhizapilz montaner Nadelwälder, meist unter Fichten, oft gesellig in Reihen und Ringen.

**Ähnlich** Der **Grauviolette S.** *C. (P.) lividoviolaceus* wächst in Kalkbuchenwäldern, ist weniger violett gefärbt und riecht fruchtartig. Der **Verfärbende S.** *C. (P.) nemorensis* wächst ebenfalls unter Buchen auf Kalk. Sein Hut ist jung zart lila, älter blass haselbraun und riecht schwach gebäckartig. Beide Arten sind **bedingt essbar.**

*Junge Erdigriechende S. sind oft schön bläulich violett.*

**Schleiereule** ein stattlicher Pilz mit weißen Velumresten

**Erdigriechender Schleimkopf** typisch: erdartiger Geruch

## Violettlicher Gürtelfuß

*Cortinarius (Telamonia) flexipes*

**Dieser kleine Gürtelfuß fällt durch seinen weiß gesprenkelten Hut (Velumschüppchen) und die violette Stielspitze sowie seinen Geraniengeruch auf.**

**Hut** bis 4 cm breit, konisch, älter flacher, meist spitz gebuckelt, faserig, feucht dunkler bräunlich lila, trocken ockergelblich verblassend, dicht mit feinen, weißen Schüppchen besetzt, Rand bisweilen durch Velumreste weiß behangen. **Lamellen** angewachsen, untermischt, Schneiden glatt bis etwas gekerbt; grauviolett bis violettbraun, älter rostbraun. **Stiel** bis 7 cm lang, dünn, faserig, Spitze deutlich violett, abwärts auf bräunlichem Grund mit weißen Velumresten gürtelartig überzogen. **Fleisch** bräunlich, in der Stielspitze violettlich, dünn; Geruch stark nach Pelargonienblättern (Geranien). **Spp.** rostbraun.
**Speisewert** Ungenießbar.
**Vorkommen** Mykorrhizapilz, überwiegend in Nadelwäldern auf sauren Böden, auch unter Birken, an moosreichen Stellen.

**Wissenswert!** Die Untergattung der **Gürtelfüße** *Telamonia*, über 200 Arten, beinhaltet kleine bis große Pilze mit meist gelben bis braunen oder violettlichen Farben, die feucht durchwegs dunkler erscheinen. Hüte u. Stiele trocken. Die genaue Bestimmung dieser Arten erfordert sehr viel Erfahrung. Die meisten G. sind keine Speisepilze. **Spp.** rostbraun.

**Ähnlich** Der **Pelargonien-G.** *C. (T.) paleaceus* riecht ebenfalls nach Geranien, ihm fehlen aber die lila Farbtöne; **ungenießbar**. Oft nur als eine Varietät vom V. G. angesehen.

## Reifpilz, Zigeuner

*Rozites caperatus*

**An seinem hellen, silbrig bereiften Hut, den gezähnelten Lamellen und dem beringten Stiel ist der Pilz gut zu erkennen.**

**Hut** bis 10 cm breit, jung halbkugelig bis fast eiförmig, älter flacher gewölbt bis ausgebreitet, matt, Rand oft radialrunzelig, trocken eingerissen, strohgelb bis ockergelblich, Mitte meist weißlich bis blass violettlich überzogen, wie bereift. **Lamellen** angewachsen, untermischt, relativ dicht stehend, Schneiden gekerbt; jung blass gelblich, älter ockerlich. **Stiel** bis 15 cm lang, bis 2 cm dick, faserig, Spitze weiß faserschuppig, abwärts blass cremebeige, gelbfaserig überzogen, häutigfetzenartig beringt, vollfleischig bis markig hohl. **Fleisch** weißlich, in der Stielrinde blass strohfarben; **Spp.** ockerbraun.
**Speisewert** Essbar. Der Reifpilz ist stark mit radioaktivem Cäsium belastet.
**Vorkommen** Mykorrhizapilz in Nadel-, seltener in Laubwäldern, auf sauren Böden, oft in Moospolstern, zwischen Heidelbeeren.

**Wissenswert!** Die Art steht den **Schleierlingen** *Cortinarius* sehr nahe und wird von diesen im Wesentlichen anhand des häutigen Partialvelums (Ring) und des Universalvelums (hier der Hut reifartig überzogen) unterschieden.

**Ähnlich** Verwechslungen sind unter Umständen mit einigen größeren **Risspilz-Arten** (⇨ S. 124) möglich.

*Die ockergelben, oft welligen Lamellen sind kennzeichnend für den Reifpilz.*

**Violettlicher Gürtelfuß** typisch: riecht nach Geranien

**Reifpilz, Zigeuner** Verwechslungsgefahr mit Risspilzen!

## Gewöhnlicher Weißtäubling (🍴)

*Russula delica*

**Dieser Täubling wächst gerne in wärmebegünstigten, humusarmen Laubwäldern. Sein niedergedrückter, weißer, oft rostfleckiger Hut ist häufig durch anhaftende Erdpartikel verschmutzt.**

**Hut** bis 15 cm breit, gewölbt, bald flach bis trichterig niedergedrückt, kalkweiß, trocken, älter hell lederbräunlich, rostbraun fleckig. **Lamellen** angewachsen, spröde, mäßig gedrängt stehend, untermischt, weißlich, bisweilen mit bläulichen Tönen, Schneiden trocken etwas blaugrün verfärbend. **Stiel** bis 5 cm lang, bis 3 cm dick, weiß, mitunter etwas bräunend. **Fleisch** fast hart, brüchig, weiß; Geruch beim jungen Pilz fruchtig, älter eher fischartig, Geschmack mild, manchmal etwas scharf, besonders in den Lamellen. **Spp.** weiß bis cremefarben.

**Speisewert** Nur bedingt essbar wegen des scharfen, eher unangenehmen Geschmacks.

**Vorkommen** MP in Laubwäldern, auch unter Waldkiefern und Fichten, auf Kalkböden.

**Ähnlich** Der **Schmalblättrige W.** *R. chloroides* ist nicht immer leicht zu unterscheiden. Seine Lamellen stehen enger, sind dünner und zeigen schwach grünlich blaue Töne, ebenso die Stielspitze. Die Art scheint Standorte auf sauren Böden zu bevorzugen; **bedingt essbar**.

**Verwandt** Ein häufiger Pilz ist der **Dickblättrige Schwärztäubling** *R. nigricans*. Seine Lamellen und sein sehr hartes Fleisch röten sich und werden dann schwarz; **ungenießbar**.

## Frauentäubling 🍴

*Russula cyanoxantha*

**Dieser Täubling gehört zu den wenigen Täublingen mit weichen, anschmiegsamen Lamellen. Zur Probe streicht man mit den Fingerspitzen darüber.**

**Hut** bis 15 cm breit, jung gewölbt, bald flacher ausgebreitet bis niedergedrückt, glatt, feucht etwas schmierig, meist verschiedenfarbig: blau- und grünlila, grauviolett, Huthaut weit abziehbar, darunter violettlich. **Lamellen** angewachsen, mäßig gedrängt, weich, biegsam (!), weißlich. **Stiel** bis 7 cm lang, bis 2 cm dick, weiß, manchmal lila überhaucht. **Fleisch** weiß, brüchig. **Spp.** weiß.

**Speisewert** Essbar, guter Speisepilz, leider oft madig, von Larven befallen.

**Vorkommen** Mykorrhizapilz, vor allem in Laubwäldern, gern unter Buchen und Eichen, auf fast allen Bodentypen.

**Wissenswert!** Der F., manchmal auch **Blautäubling** genannt, ist wohl der bekannteste Vertreter der **Täublinge** (⇨ S. 12).

**Ähnlich** Der **Grauviolette Reiftäubling** *R. grisea* ist ähnlich gefärbt, hat jedoch hell ockergelbliche, spröde Lamellen; **essbar**. **Spp.** ockergelb. Der **Grasgrüne Täubling** *R. aeruginea* hat weiche, gelbliche, oft scharf schmeckende Lamellen; der Hut ist oliv- bis grasgrün, feucht glänzend; er wächst oft unter Birken; **bedingt essbar**. **Spp.** creme.

**Verwandt** Der **Speisetäubling** *R. vesca* (kl. Bild) wächst in Nadel- und Laubwäldern, meidet dabei reine Kalkböden. Seine weichen Lamellen sind weiß, oft rostfleckig. Spp. weiß; **essbar**.

Gewöhnlicher Weißtäubling

Frauentäubling

## Ockertäubling

*Russula ochroleuca*

(🍴)

**Dieser ockergelb gefärbte, weißblättrige Pilz gehört wohl zu den häufigsten Täublingen in unseren Wäldern.**

**Hut** bis 10 cm breit, gewölbt, bald flacher bis niedergedrückt, kahl, glatt, feucht glänzend; ockergelb bis ockerbräunlich, manchmal mit olivgrünem Hauch; Huthaut etwa bis zur Mitte abziehbar. **Lamellen** angewachsen, mäßig gedrängt, weißlich bis cremefarben, bisweilen mit gelbgrünlichem Schimmer, Schneiden älter rostbraun fleckend. **Stiel** bis etwa 7 cm lang und 1,5 cm dick, zylindrisch, glatt bis runzelig, weiß bis ockerlich, mitunter stärker grau gefärbt. **Fleisch** brüchig, weiß bis leicht grau; Geruch etwas obstartig, Geschmack mild bis unangenehm scharf. **Spp.** weiß.

**Speisewert** Bedingt essbar; wegen des meist scharfen, unangenehmen Geschmacks.

**Vorkommen** MP im Laub- und Nadelwald, in vermoosten Fichtenwäldern, aber auch in Eichen-Buchenwäldern; auf sauren Böden.

**Ähnlich** Der **Gallentäubling** *R. fellea* ist meist kleiner und schmeckt sehr scharf, er hat einen mehr ockerbraunen, in der Mitte oft etwas orangebraunen Hut mit meist hellerem Rand sowie blass ockergelbliche Lamellen und wächst gern unter Buchen; **ungenießbar**; **Spp.** weiß.

**Verwandt** Der gelbockerliche, gerieftrandige **Gewöhnliche Stinktäubling** *R. foetens* ist wegen seines ekelhaften, tranig-ranzigen Geruchs und dem scharfen Geschmack ebenfalls **ungenießbar**. **Spp.** cremefarben.

## Gewöhnlicher Speitäubling

*Russula emetica* var. *emetica*

**Die hell kirschrote Hutfarbe, die weißen Lamellen, das brüchige Fleisch und der Standort unter Fichten machen diesen Täubling relativ gut bestimmbar.**

**Hut** bis 10 cm breit, stark gewölbt, älter flacher, oft trichterig niedergedrückt, glatt, Rand älter kurz gerieft, feucht etwas schmierig, glänzend, hell blut- bis kirschrot, auch rosa, Huthaut weit abziehbar, darunter weiß. **Lamellen** angewachsen, mäßig gedrängt, dünn, etwas biegsam, weiß. **Stiel** bis 7 cm lang, bis 1,5 cm dick, zylindrisch, schwammig locker, wie ausgestopft, mitunter runzelig, weiß, selten rötlich überhaucht. **Fleisch** brüchig, weiß; Geruch obstartig, Geschmack brennend scharf. **Spp.** weiß.

**Speisewert** Giftig; die enthaltenen harzigen Stoffe können starke Magen- und Darmbeschwerden hervorrufen.

**Vorkommen** Mykorrhizapilz feuchter Nadelwälder, auf sauren und moorigen Böden, oft zwischen Torfmoosen.

**Ähnlich** Von diesem **Speitäubling** gibt es einige Varietäten, die sich hauptsächlich durch ihre Symbiosepartner unterscheiden, so der **Birken-S.** *R. emetica* var. *betularum*, eine sehr zarte Art mit hellerem Hut oder der **Kiefern-S.** *R. emetica* var. *silvestris*, eine häufige Art in Kiefernwäldern auf Sandböden. Alle sind **giftig**. **Spp.** weiß.

**Verwandt** Der **Blutrote Täubling** *R. sanguinea* wächst meist unter Kiefern auf kalkarmen und sauren Böden. Er ist bitter bis ziemlich scharf; **giftig**. **Spp.** blass ocker.

**Ockertäubling** wächst oft in großer Zahl

**Gewöhnlicher Speitäubling**

## Zitronenblättriger Täubling *Russula sardonia*

**Typisch sind der violette Hut und Stiel sowie die zitronenfarbigen Lamellen.**

**Hut** bis 10 cm glatt, feucht schmierig, glänzend, violett bis purpurrot, auch grüngelblich, Mitte oft fast schwarz. Lamellen angewachsen, blassgelb, älter zitronengelb, jung stark tränend. **Stiel** bis 6 cm lang, bis 1,5 cm dick, hutfarben, oft rosaviolett. **Fleisch** hart, gelblich; Geruch obstartig, Geschmack brennend scharf. **Spp.** hell ocker.
**Speisewert** Giftig (⇨ Speitäubling S. 140).
**Vorkommen** Mykorrhizapilz saurer Nadelwälder, oft unter Kiefern auf Sandböden.

## Goldtäubling

*Russula aurea*

**Rote bis gelbe Hutfarben und gelbe Lamellen kennzeichnen diesen Täubling.**

**Hut** bis 10 cm breit, glatt, feucht schmierig glänzend bis matt samtwarzig, lebhaft rot bis chrom- oder goldgelb, oft gefleckt. **Lamellen** angewachsen, jung weißlich, älter meist buttergelb, Schneiden chromgelb. **Stiel** bis 7 cm lang, bis 2 cm dick, oft runzelig, weiß, gelb überhaucht. **Fleisch** weiß. **Spp.** hellgelb.
**Speisewert** Guter Speisepilz. §
**Vorkommen** MP in Laub- und Nadelwäldern, bodenvag, meidet aber versauerte Böden.

## Gelber Graustieltäubling

*Russula claroflava*

**Ein chromgelber Hut sowie schwärzendes Fleisch sind kennzeichnend.**

**Hut** bis 12 cm breit, glatt, feucht schmierig-glänzend, grüngelblich bis chromgelb. **Lamellen** angewachsen, weiß bis gelblich, älter grauend. **Stiel** bis 8 cm lang, 2 cm dick, weiß, abwärts grau. **Fleisch** leicht grauend. **Spp.** ockergelb. **Speisewert** Essbar.
**Vorkommen** MP der Birke auf sauren Böden.

**Ähnlich** Der **Orangerote G.** *R. decolorans* unter Kiefern und Fichten. **Spp.** ocker.

## Roter Heringstäubling

*Russula erythropoda (= R. xerampelina ss. str.)*

**Es sind mehrere H. beschrieben, alle weisen einen Fischgeruch (Brathering) auf.**

**Hut** bis 12 cm breit, glatt, feucht schmierig glänzend, wein- bis purpurrot, Mitte oft fast schwarz. **Lamellen** angewachsen, creme, älter ockergelb. **Stiel** bis 9 cm lang, 2,5 cm dick, weiß, purpurrot überhaucht. **Fleisch** weiß, bräunend; Geruch älter heringsartig, Geschmack mild. **Spp.** ocker.
**Speisewert** Essbar.
**Vorkommen** MP unter Fichten und Kiefern.
**Wissenswert!** Die H. können gelboliv, grün, rot, braun oder schwarzbraun gefärbt sein.

## Wieseltäubling

*Russula mustelina*

**Die kompakten Pilze stecken oft tief in der Erde und sind mit dieser bedeckt, bisweilen ähneln sie so jungen Steinpilzen.**

**Hut** bis 12 cm breit, fast halbkugelig, bald flacher gewölbt, Mitte manchmal niedergedrückt, feucht speckig glänzend, trocken matt, hasel- bis dunkelbraun, oft fleckig. **Lamellen** angewachsen, eher gedrängt, cremefarben mit ockergelblichem Schein, bräunlich fleckend. **Stiel** bis 8 cm lang, bis 3 cm dick, oft gedrungen, jung weiß, später bräunlich überhaucht. **Fleisch** fest, im Stiel oft kammerartig hohl, weiß, im Schnitt etwas bräunend; Geruch schwach, älter bisweilen leicht heringsartig, Geschmack mild, nussartig. **Spp.** cremefarben.
**Speisewert** Essbar, guter Speisepilz.
**Vorkommen** Mykorrhizapilz montaner Nadelwälder, oft unter Fichten, auf nährstoff- und kalkarmen Böden.

**Ähnlich** Der größere **Braune Ledertäubling** *R. integra* hat einen olivbraunen, feucht schwach schmierigen Hut, seine Lamellen sind älter gelb-hellocker; **essbar**. **Spp.** gelb.

Zitronenblättriger Täubling

Goldtäubling

Gelber Graustieltäubling

Roter Heringstäubling

**Wieseltäubling** sieht von oben oft wie ein Fichtensteinpilz aus

## Rotstieliger Ledertäubling

*Russula olivacea*

**Der fleckige Hut, die vom Rand her rötlichen Lamellenschneiden sowie der rosa bis rot überhauchte Stiel sind kennzeichnende Merkmale für diesen Täubling.**

**Hut** bis 20 cm breit, fast halbkugelig, bald flach gewölbt, oft niedergedrückt, trocken matt, Rand oft konzentrisch gerunzelt, wellig gezeichnet, mehrfarbig, fleckig, schwach weinrot bis purpurbraun, mit olivgelblichen Tönen, oft etwas bereift. **Lamellen** angewachsen, mäßig gedrängt, am Grund queraderig verbunden, breit, brüchig, zunächst cremefarben, bald gelb bis ockerfarben, Schneiden vom Rand her rötlich. **Stiel** bis 10 cm lang, bis 5 cm dick, zylindrisch, glatt, weiß, meist rötlich überhaucht. **Fleisch** brüchig, hart, weißlich, älter bräunend. **Spp.** kräftig gelb.

**Speisewert** Essbar, es wird allerdings von Vergiftungen nach dem Verzehr roher und ungenügend erhitzter Pilze berichtet.

**Vorkommen** Mykorrhizapilz in Laub- und Nadelwäldern, besonders auf Kalkböden.

**Wissenswert!** Die **Ledertäublinge** umfassen etwa 14 Arten, welche durch ockergelbe bis lederfarbene Lamellen gekennzeichnet sind; **Spp.** satt ocker- bis dottergelb.

**Ähnlich** Der große **Weißstielige L.** *R. romellii* ist weinrot bis purpurrot, die Lamellen sind ockergelb; er wächst in Laubwäldern auf Kalk; **essbar**. **Spp.** goldgelb. **Brauner L.** ⇨ S. 142 unten.

*Für den Rotstieligen Ledertäubling ist der rosa bis rot überhauchte Stiel ein gutes Erkennungsmerkmal.*

## Weinroter Dottertäubling

*Russula decipiens*

**Dieser mittelgroße Täubling mit den ockergelben Lamellen ist nördlich der Alpen selten, im Mittelmeerraum aber häufiger zu finden.**

**Hut** bis 10 cm breit, flach gewölbt, oft niedergedrückt, Rand nach unten gebogen, etwas gerieft, glatt, trocken glänzend, weinrot, dunkelrot, Mitte oft blass ockergelblich. **Lamellen** sehr spröde, ausgebuchtet, mäßig gedrängt, z. T. gegabelt, hell bis kräftig ockergelb, Schneiden am Rand rosa. **Stiel** bis 5 cm lang, bis 2 cm dick, glatt, weiß, Basis rötlich überhaucht. **Fleisch** weich-brüchig, im Stiel watteartig, weiß, etwas grauend; Geruch schwach fruchtig, Geschmack kurz mild, dann schärflich, Lamellen mäßig brennend. **Spp.** satt dottergelb.

**Speisewert** Ungenießbar. §

**Vorkommen** Mykorrhizapilz wärmebegünstigter Laubwälder, unter Eichen, Hainbuchen, Stein- und Korkeichen, auf sauren bis schwach kalkhaltigen Böden.

**Ähnlich** Der größere **Purpurfleckige T.** *R. vinosopurpurea* mit purpurrotem bis -braunem Hut, weißlichem Stiel und erträglich scharfem Fleisch wächst im Laubwald, gern auf lehmigen Böden.
Der **Kurzstielige Ledertäubling** *R. curtipes* hat mildes Fleisch mit leichtem Fischgeruch. Beide **ungenießbar**. Beide **Spp.** ockergelb. §
Der **Gefleckte T.** *R. maculata* (kl. Bild) wächst ebenfalls unter Laubbäumen, hat einen rostfleckigen Hut und mildes bis scharfes Fleisch; **ungenießbar**. **Spp.** gelb.

Rotstieliger Ledertäubling

**Weinroter Dottertäubling** wächst auf warmen Standorten

## Wolliger Milchling

*Lactarius vellereus*

**Dieser große, weiße Milchling scheidet nach Verletzung der Lamellen oder des Fleisches reichlich weiße Milch aus.**

**Hut** bis 30 cm breit, gewölbt, Rand nach innen gebogen, bald tief trichterig, unregelmäßig verbogen, oft mit Erdpartikeln behaftet, kalk- bis cremeweiß, trocken, wollig-filzig, besonders die Randzone flaumig bereift. **Lamellen** angewachsen, mäßig gedrängt, älter entfernt, untermischt, am Grund manchmal queraderig verbunden, schmal, weiß, älter blass ockergelb, brüchig und reichlich milchige Tröpfchen ausscheidend. **Stiel** bis 6 cm lang, bis 6 cm dick, weiß, fein flaumig, blass bräunlich fleckend. **Fleisch** fest, weiß; Geschmack brennend scharf; Milch reichlich, weiß, mild. **Spp.** weiß.

**Speisewert** Ungenießbar. Enthält, wie viele Milchlinge, harzig-scharfe Substanzen, die das Verdauungssystem mehr oder weniger stark reizen können. Vom Genuss dieser Arten wird daher abgeraten.

**Vorkommen** MP in Laub- und Nadelwäldern, unter Buchen, Eichen, Fichten und Tannen.

**Ähnlich** Die weiße Milch des **Scharfen Wollmilchlings** *L. bertillonii* (§) schmeckt sehr scharf und verfärbt sich mit Kalilauge gelblich. Beim **Grünenden Pfeffermilchling** *L. glaucescens (= L. pargamenus)* stehen die Lamellen sehr eng und die weiße Milch verfärbt sich langsam graugrün. Beide sind **ungenießbar. Spp.** weiß.

Der **Langstielige Pfeffermilchling** *L. piperatus* (kl. Bild) hat eng stehende, cremerosa Lamellen und nicht verfärbende Milch; **ungenießbar. Spp.** weiß.

## Birkenmilchling, Birkenreizker

*Lactarius torminosus*

**Die mittelgroßen Pilze sind durch ihre fleischrosafarbenen, konzentrisch gezonten Hüte mit dem zottigen Rand, durch die weiße Milch und durch den Standort unter Birken gut erkennbar.**

**Hut** bis 12 cm breit, gewölbt mit eingerolltem Rand, älter niedergedrückt, mit gekräuselten, zottigen Haaren bedeckt, Randzone flaumig behängt, fleischrosa, dunkler konzentrisch gezont. **Lamellen** angewachsen, eng stehend, untermischt, oft gegabelt, weiß, älter blassrosa, reichlich milchige Tröpfchen ausscheidend. **Stiel** bis 7 cm lang, bis 3 cm dick, glatt, bisweilen etwas grubig, hohl, karminrosa. **Fleisch** weiß, im Hut rosa; Geruch etwas fruchtig, Geschmack nach wenigen Sekunden scharf, Milch sofort brennend scharf. **Spp.** cremefarben.

**Speisewert** Ungenießbar. (⇨ oben, Wolliger M.)

**Vorkommen** Mykorrhizapilz der Birke, in Parkanlagen, in Gärten, auf sandigen, lehmigen, schwach sauren Böden.

**Ähnlich** Der **Orangefarbene B.** *L. torminosulus*, ist ockerorange und etwas weniger haarig-zottig, die weiße Milch ist sehr scharf, er wächst unter Zwergbirken und ist nur aus N.-EU bekannt. **Spp.** creme.

Der **Flaumige Milchling** *L. pubescens* (kl. Bild) hat einen nur schwach gezonten, weißlichen Hut und wächst unter Birken an trockenen Standorten, das Fleisch und die Milch schmecken sehr scharf; **ungenießbar. Spp.** weiß.

Die echten **Reizker** (⇨ S. 154) scheiden eine rötliche Flüssigkeit aus.

**Wolliger Milchling** typisch: großer, kräftiger Wuchs

**Birkenmilchling, Birkenreizker** Standort beachten!

## Braunfleckender Milchling

*Lactarius fluens*

**Bei der Bestimmung achte man auf den wenig schmierigen, eher trockenen Hut, die cremefarbenen Lamellen und die weiße, grauoliv verfärbende Milch!**

**Hut** bis 10 cm breit, gewölbt, später vertieft, Rand schmal eingebogen; unregelmäßig gebogen, wenig schmierig, eher matt; olivbraun bis grüngrau, gezont, mit hellem, weißlichem Rand. **Lamellen** angewachsen, weich, dicht stehend, untermischt, schmal, cremefarben, rotbräunlich fleckend, reichlich milchige Tröpfchen ausscheidend. **Stiel** bis 7 cm lang, bis 2,5 cm dick, vollfleischig, fest, trocken, kahl, blasser hutfarben. **Fleisch** weiß; Geschmack erst mild, dann langsam bitter und leicht scharf; Milch reichlich, mild, weiß, sich langsam grauoliv verfärbend; **Spp.** cremefarben.

**Speisewert** Ungenießbar. (⇨ S. 146 Wolliger M.)

**Vorkommen** Mykorrhizapilz in Laubwäldern, unter Buchen, gerne auf feuchten, kalkhaltigen Böden, in EU weit verbreitet.

**Ähnlich** Der **Hainbuchenmilchling** *L. circellatus*; Hut heller, wenig gezont, schmierig; Lamellen zart rosa; Fleisch scharf; Milch langsam gelb verfärbend, später olivgrünlich. Er wächst auf schweren, nährstoffreichen Böden unter Hainbuchen; **ungenießbar. Spp.** creme.

Der **Graugrüne M.** *L. blennius* (kl. Bild) unterscheidet sich durch den schleimigen, olivgrünen Hut, die weißen Lamellen und den hohlen Stiel; **ungenießbar. Spp.** creme.

## Pechschwarzer Milchling

*Lactarius picinus*

**Matt dunkelbrauner Hut, helle, rosafleckende Lamellen und hellbraune Stiele sind kennzeichnend. Die weiße Milch verfärbt sich langsam rosa.**

**Hut** bis 10 cm breit, gewölbt, später flacher bis etwas vertieft, auch schwach gebuckelt, Rand oft etwas wellig; matt bis feinsamtig, pechschwarz bis schwarzbraun oder dunkel braunoliv. **Lamellen** angewachsen, dicht stehend, mit Zwischenlamellen, bisweilen gegabelt, schmal, zunächst weiß, dann creme-rosa, milchige Tröpfchen langsam lachsfarben verfärbend. **Stiel** bis 7 cm lang, bis 2 cm dick, leicht samtig, hellbräunlich. **Fleisch** fest, im Stiel weich, weiß, im Schnitt besonders im Hut langsam rosa verfärbend; Geschmack erst mild, dann allmählich bitter und unangenehm scharf; Milch scharf, weiß, langsam rosa verfärbend. **Spp.** hellocker.

**Speisewert** Ungenießbar (⇨ S. 146 Wolliger M.)

**Vorkommen** MP montaner Nadelwälder, meist unter Fichten, auf leicht sauren Böden.

**Ähnlich** Der **Rußfarbene M.** *L. fuliginosus*; Hut glatter, dunkel graubraun, niemals schwarzbraun; Lamellen älter creme-ocker; Fleisch weißlich, von der Stielbasis her rosa anlaufend; Geschmack mild bis schwach bitter. **Spp.** hellocker.

Der **Flügelsporige M.** *L. pterosporus* ist an seinem runzeligen Hut und seinem Standort unter Buchen erkennbar. **Spp.** sattocker. Beide Arten sind **ungenießbar**.

Beim **Mohrenkopf-M.** *L. lignyotus* (kl. Bild) kontrastieren die hellen Lamellen zur runzeligen, dunkelbraunen Stielspitze, er wächst in montanen, moosigen Nadelwäldern; **essbar. Spp.** ocker.

**Braunfleckender Milchling** Verwechslungsgefahr!

**Pechschwarzer Milchling** Verwechslungsgefahr mit anderen braunen Milchlingen!

## Rotbrauner Milchling

*Lactarius rufus*

**Rotbrauner Hut mit spitzer Mitte und harziger Geruch sind kennzeichnend.**

**Hut** bis 10 cm, Mitte spitz gebuckelt, glatt, dunkel rotbraun. **Lamellen** angewachsen, cremefarben, später hellocker bis roströtlich, von den Sporen weiß bestäubt. **Stiel** bis 8 cm, blasser hutfarben. **Fleisch** blass bräunlich; Geruch nach harzigem Holz, Geschmack sehr scharf; Milch reichlich, weiß, erst mild, dann scharf. **Spp.** creme.
**Speisewert** Ungenießbar. (⇨ S. 146 Wolliger M.)
**Vorkommen** MP in Nadelwäldern auf sauren Böden, selten unter Tanne, Birke u. Buche.

## Kampfermilchling

*Lactarius camphoratus*

**Kleiner, orangebrauner M. mit ockerfarbenen Lamellen und süßlichem Geruch.**

**Hut** bis 7 cm, Mitte oft gebuckelt; matt, dunkel rotbraun. **Lamellen** angewachsen, orangeockerfarben, älter von den Sporen weiß bestäubt. **Stiel** bis 6 cm lang, bis 1 cm dick, rotbraun. **Fleisch** blass bräunlich; Geruch beim Eintrocknen nach Liebstöckel, Geschmack mild bis bitter; Milch wässrig weiß. **Spp.** blassgelb .
**Speisewert** Ungenießbar. (⇨ S. 146 Wolliger M.)
**Vorkommen** Mykorrhizapilz in Nadel- und Laubwäldern, meist gesellig wachsend.

## Grubiger Milchling

*Lactarius scrobiculatus*

**Großer M. mit gelben Farben, grubigem Stiel und gelb verfärbender Milch.**

**Hut** bis 25 cm, gewölbt, oft trichterförmig, schmierig, zottig-filzig, strohgelb bis gelb, gezont; Rand eingebogen. **Lamellen** angewachsen, cremefarben. **Stiel** bis 8 cm lang, kräftig, blasser hutfarben, dunkler grubig, hohl. **Fleisch** gelblich; Geschmack brennend scharf; Milch scharf, weiß, schwefelgelb verfärbend. **Spp.** cremefarben.
**Speisewert** Ungenießbar. (⇨ S. 146 Wolliger M.)
**Vorkommen** Mykorrhizapilz in Nadelwäldern, unter Fichten, auf kalkhaltigen Böden.

## Goldflüssiger Milchling

*Lactarius chrysorheus*

**M. mit trockenem, lachsfarbenem, gezontem Hut und gelb verfärbender Milch.**

**Hut** bis 10 cm, lachsfarben bis orange gefärbt, gezont. **Lamellen** angewachsen, cremefarben. **Stiel** bis 5 cm lang, bis 1,5 cm dick, weißlich, rosa überhaucht. **Fleisch** weiß, rasch gelblich verfärbend; Geschmack scharf; Milch reichlich, scharf, weiß, schnell schwefelgelb verfärbend. **Spp.** strohgelb.
**Speisewert** Ungenießbar. (⇨ S. 146 Wolliger M.)
**Vorkommen** MP wärmebegünstigter Laubwälder, unter Eichen, auch unter Esskastanien, auf mineralreichen Böden.

## Lilamilchling

*Lactarius lilacinus*

**Rosalila Farben und der Standort unter Erlen machen diesen M. gut erkennbar.**

**Hut** bis 8 cm, trocken, rosalila, manchmal dunkler gezont. **Lamellen** angewachsen, entfernt stehend, blassrosa, ockergelblich fleckend. **Stiel** bis 5 cm lang, bis 1,5 cm dick, hutfarben, hohl. **Fleisch** blassrosa; Geschmack mild bis bitter; Milch wässrig. **Spp.** weiß.
**Speisewert** Ungenießbar. (⇨ S. 146 Wolliger M.) §
**Vorkommen** Mykorrhizapilz unter Erlen.

**Ähnlich** Der **Schüppchenmilchling** *L. spinosulus* wächst unter Birken; **ungenießbar. §**

## Filziger Milchling, Maggipilz *Lactarius helvus*

**Mittelgroßer M. mit ockerlichen Farben und starkem Liebstöckel-Geruch.**

**Hut** bis 13 cm breit, trocken, matt, filzig-feinschuppig, hellocker bis gelbbraun, schwach gezont. **Lamellen** angewachsen, eng stehend, blass cremerosa. **Stiel** bis 10 cm lang, bis 2 cm dick, heller hutfarben. **Fleisch** brüchig, cremefarben; Geruch stark nach Liebstöckel oder Maggiwürze, Geschmack mild; Milch wässrig. **Spp.** weiß.
**Speisewert** Giftig. (⇨ S. 146 Wolliger M.)
**Vorkommen** Mykorrhizapilz von Nadelbäumen, aber auch Birken, auf sauren Böden.

Rotbrauner Milchling

Kampfermilchling

Grubiger Milchling

Goldflüssiger Milchling

Lilamilchling

Filziger Milchling, Maggipilz

## Milchbrätling, Brätling

*Lactarius volemus*

**Orangebraune Farben, weiße, braun fleckende Lamellen sowie eine reichlich fließende, klebrige, weiße, sich mit der Zeit braun verfärbende Milch sind kennzeichnend für diesen Milchling.**

**Hut** bis 10 cm breit, gewölbt, später flacher, Mitte bisweilen vertieft, Randsaum schmal eingebogen; matt, anfangs feinsamtig, später verkahlend, glatt, oft rissig, einheitlich orangebraun. **Lamellen** angewachsen, dicht stehend, untermischt, schmal, cremeweiß bis -gelb, rotbräunlich fleckend und reichlich milchige Tröpfchen ausscheidend. **Stiel** bis 10 cm lang, bis 2,5 cm dick, vollfleischig, fest, trocken, kahl, blasser hutfarben, bräunlich fleckend. **Fleisch** fest, weiß; Geruch heringsartig, Geschmack mild, etwas kratzend; Milch reichlich fließend, mild, weiß, langsam bräunlich verfärbend. **Spp.** weiß.

**Speisewert** Essbar, er wird gern als Einzelgericht in der Pfanne gebraten. §

**Vorkommen** Mykorrhizapilz in Laub- und Nadelwäldern, auf neutralen lehmigen oder schwach sauren Böden.

**Wissenswert!** Dieser bekannte Milchling ist in den letzten Jahren seltener geworden.

**Ähnlich** Der **Runzeliggezonte M.** *L. rugatus*; Hut kräftig rotorange, runzelig, ohne Heringsgeruch; S.-EU; **essbar** . **Spp.** weiß. Der orange gefärbte **Lärchenmilchling** *L. porninsis* (kleines Bild) wächst nur unter Lärchen. Seine weiße Milch schmeckt bitter und kratzt im Hals; **ungenießbar**. **Spp.** cremefarbenen.

## Nordischer Milchling

*Lactarius trivialis*

**Mittelgroßer bis großer, jung violettblauer, älter graubräunlich ausblassender Milchling mit sehr scharfer Milch.**

**Hut** bis 15 cm breit, gewölbt mit eingebogenem Rand, später flacher, niedergedrückt, alt oft trichterförmig aufgebogen; glatt, feucht schmierig bis etwas schleimig, jung violettlich bis stahlblau, konzentrisch gezont oder fleckig, trocken und älter zunehmend hell ockerfarben ausbleichend. **Lamellen** angewachsen, dicht stehend, untermischt, weißlich, später blass lederfarben, bisweilen durch eingetrocknete Milchtropfen graugrün gefleckt. **Stiel** bis 12 cm lang, bis 3 cm dick, oft hohl, kahl, feucht schmierig, weißlich bis blass ockerfarben. **Fleisch** brüchig, weiß; Geruch fruchtartig, Geschmack zunächst mild, dann scharf; Milch cremefarben, erst mild, dann sehr scharf schmeckend, verfärbt sich auf Papier etwas gelblich. **Spp.** gelblich.

**Speisewert** Ungenießbar. (⇨ S. 146 Wolliger M.) §

**Vorkommen** Mykorrhizapilz von Birken, aber auch unter Fichten, in feuchten Wäldern, auf nährstoffarmen, sauren, moorigen Böden.

**Ähnlich** Aus N.-EU sind noch der **Bleiche M.** *Lactarius utilis* und ein **Zwergbirkenmilchling** *L. subcircellatus* beschrieben, die dort ebenfalls unter Birken und Fichten wachsen; **ungenießbar**. **Spp.** gelblich.

*Der Nordische Milchling verliert mit zunehmendem Alter seine typischen violettblauen Farben und bleicht stark aus, wodurch die Bestimmung schwieriger wird.*

**Milchbrätling, Brätling** typisch: kräftiger Wuchs, stark bräunend

**Nordischer Milchling** ältere Exemplare blassen stark aus

## Olivbrauner Milchling

*Lactarius turpis*

**Dieser häufige Milchling, früher auch Tannenreizker genannt, ist an seinen dunklen olivbraunen Farben und braun fleckenden Lamellen zu erkennen.**

**Hut** bis 10 cm breit, jung gewölbt, meist schon mit niedergedrückter Mitte, später flacher bis trichterig vertieft, Rand nach unten gebogen; etwas filzig, ansonsten kahl, feucht besonders der Mitte zu schmierig; schmutzig olivgrünlich, bisweilen dunkler gezont. **Lamellen** angewachsen, dicht stehend, bisweilen gegabelt, untermischt, schmal, creme bis ockerlich, schmutzig olivlich fleckend. **Stiel** bis 6 cm lang, bis 2,5 cm dick, fest, kahl, blasser als der Hut gefärbt, olivbraun fleckend. **Fleisch** fest, im Stiel bisweilen hohl, weißlich; Geruch frisch, Geschmack erst mild, dann brennend scharf; Milch weiß, erst mild, dann brennend scharf. **Spp.** creme.

**Speisewert** Ungenießbar. (⇨ S. 146 Wolliger M.)

**Vorkommen** Mykorrhizapilz unter Birken und Fichten, auf sauren, feuchten Böden.

**Wissenswert!** Fälschlich wird dieser Pilz auch oft Tannenreizker genannt. Früher war sein wissenschaftlicher Name *L. necator*, was soviel wie „Töter" bedeutet, aber auf eine Verwechslung mit dem **Grünen Knollenblätterpilz** (⇨ S. 104) zurückzuführen ist. Mit anderem Namen heißt er auch *L. plumbeus*.

**Verwandt** Der seltene **Trockene Violettmilchling** *L. violascens*, der in Laubwäldern auf Kalk wächst, verfärbt sich auf Druck taubenblau; **ungenießbar. Spp.** creme. §

## Fichtenreizker

*Lactarius deterrimus*

**Die Echten Reizker, zu denen der F. zählt, haben eine orange- bis weinrote Milch. Bei der genauen Bestimmung ist die Kenntnis des Mykorrhizapartners wichtig.**

**Hut** bis 10 cm breit, gewölbt mit eingebogenem Rand, später flacher bis trichterförmig, glatt, feucht schmierig, gelbbräunlich oder hell orange- bis safranfarben, meist konzentrisch gezont, grünlich bis graugrünlich verfärbend, älter verblassend. **Lamellen** angewachsen, dicht stehend, orange, dunkelgrün fleckend. **Stiel** bis 5 cm lang, bis 1,5 cm dick, älter hohl, kahl, hutfarben, an der Spitze oft weinrötlich, grünlich verfärbend. **Fleisch** brüchig, weißlich, unter der Huthaut und in der Stielrinde orange, älter grünend; Geschmack mild; Milch orangerot, mild bis leicht bitter. **Spp.** ocker.

**Speisewert** Essbar, aber oft sehr stark von Maden der Pilzmücken befallen.

**Vorkommen** Mykorrhizapilz der Fichte, gerne in älteren Schonungen.

**Ähnlich** Der graulila gefärbte **Skandinavische Reizker** *L. fennoscandicus* wächst ebenfalls unter Fichten. Der sich blaugrünlich verfärbende **Kiefernreizker** *L. semisanguifluus* (§), der **Blutreizker** *L. sanguifluus* (§) mit weißlich bereiftem Stiel, der **Echte Reizker** *L. deliciosus* ohne grünliche Töne, aber mit grubigem Stiel, sowie der seltene, oft blau getönte **Blaumilchreizker** *L. quieticolor* (§) wachsen alle unter Kiefern. Alle sind **essbar**.
Der **Lachsreizker** *L. salmonicolor* (kl. Bild) wächst nur unter Weißtannen auf Kalkböden; **essbar. Spp.** blassocker. §

**Olivbrauner Milchling** typisch: olivbraune Farben

**Fichtenreizker** ist im Sommer meist stark verwurmt

## Herkuleskeule

*Clavariadelphus pistillaris*

**Bei der Bestimmung auf Größe, Form und die abgerundete Kuppe achten!**

**Fruchtkörper** bis 20 cm hoch, bis 5 cm dick, keulenförmig, Kuppe abgerundet, meist runzelig, hellgelb bis gelbbräunlich, älter ockerbraun, oft violett überhaucht, Druckstellen dunkel braunrötlich. **Fleisch** fest, älter zäh bis weich, weißlich, etwas bräunend; Geschmack bitter.
**Speisewert** Ungenießbar.
**Vorkommen** In Laubwäldern, auf kalk- und lehmhaltigen bis schwach sauren Böden.
**Wissenswert!** Die **Riesenkeulen** *Clavariadelphus*, 7 Arten, zeichnen sich durch keulenförmige, hellgelbe, gelbbraune bis braune Fruchtkörper aus. Alle sind ungenießbar.

**Ähnlich** Die **Abgestutzte Keule** *C. truncatus* besitzt einen ziemlich abgeflachten Scheitel und wächst im Nadelwald; **bedingt essbar.** §

## Binsen-Röhrenkeule

*Macrotyphula filiformis*

**Dieses fadenförmig Keulchen wird im dichten Laub sicherlich oft übersehen.**

**Fruchtkörper** bis 10 cm hoch, bis 0,3 cm dick, senkrecht stehend, manchmal aber etwas gebogen, Spitze abgerundet, blass gelblich bis ockerfarben, Basis verjüngt, feinfilzig dem Substrat aufsitzend. **Fleisch** fest, elastisch bis zäh, gelblich.
**Speisewert** Ungenießbar.
**Vorkommen** In Laubwäldern, auf am Boden liegenden, faulenden Blättern und Zweigen, an feuchten Standorten, einzeln, aber meist in großer Zahl.
**Wissenswert!** Die **Röhrenkeulen** *Macrotyphula*, 3 Arten, sind an den dünnen, senkrecht stehenden Fruchtkörpern zu erkennen.

**Ähnlich** Die **Röhrige Keule** *M. fistulosa* wird größer, ist innen hohl und wächst auf toten, herabgefallenen Laubholzästen; **ungenießbar**.

## Grauer Korallenpilz

*Clavulina cinerea*

**Die korallenartigen, grau gefärbten Äste wachsen aus einem weißgelblichen Strunk.**

**Fruchtkörper** bis 8 cm hoch, bis 10 cm breit, korallenartig, mehrfach verzweigt, Äste oft gewunden, dicklich, rundlich bis etwas abgeflacht, Spitzen abgerundet oder gezähnelt, Oberfläche runzelig, grau bis aschgrau, aber auch schmutzig gelblich und lila überhaucht, verletzt bräunlich anlaufend, Spitzen meist heller. **Fleisch** weich, zäh, weißlich, zum Rand hin schmutzig grau gefärbt; Geruch etwas muffig, dumpf.
**Speisewert** Ungenießbar.
**Vorkommen** In Laub-, seltener in Nadelwäldern, meist am Boden.
**Wissenswert!** Die **Korallenpilze** *Clavulina*, 4 Arten, sind einfach bis mehrfach verzweigt, mit knorrig-runzeligen, furchigen, weißen, grauen bis violetten Ästen. Sie leben von totem organischem Material, auf dem Boden, selten auf morschem Holz. **Spp.** weißlich bis ockergelblich. Keine Speisepilze.

**Ähnlich** Der weißliche **Runzelige K.** *C. rugosa* wächst in Laub- und Nadelwäldern, meist runzelig keulenförmig, bisweilen auch an den Spitzen geweihartig verzweigt; **ungenießbar**.

**Verwandt** Der weiße **Kammförmige K.** *C. coralloides* (= *C. cristata*, kl. Bild) besitzt kammartig verzweigte Spitzen. Er wird oft von einem parasitischen Pilz befallen und dadurch grau gefärbt; **bedingt essbar**.

Herkuleskeule

Binsen-Röhrenkeule

Grauer Korallenpilz

## Eichhase

*Dendropolyporus umbellatus*

**Der großvolumige Eichhase, auch Ästiger Porling genannt, fällt mit seinen zahlreichen Hütchen auf und ist dadurch leicht bestimmbar.**

**Fruchtkörper** bis zu 25 cm hoch, bis zu 50 cm breit, halbkugelig, aus vielen, flachen Hüten bestehend. Aus einem dicken, fleischigen, weißlichen Stamm wachsen zahlreiche, bis nahezu fingerdicke Verästelungen, die jeweils in einem 1–5 cm breiten, graubraunen, feinschuppigen Hütchen enden (kleines Foto). **Röhren** dünn, erscheinen beinahe porig. **Fleisch** ist weich, fast geruchlos, der Geschmack mild.

**Speisewert** Essbar. Der Fruchtkörper wird jedoch gewöhnlich von Heerscharen von Maden befallen, wodurch der ganze Pilz schnell skelettartig ausgefressen und dadurch in seiner Konsistenz sehr brüchig wird.

**Vorkommen** In Laubwäldern, besonders unter Eichen und Buchen, auf dem Erdboden, gern in Laubstreu.

**Wissenswert!** Der E. ist ein Erreger der Weißfäule, einer pilzlichen Holzzersetzung. Er bildet im Boden ein hartes, schwarz berindetes Dauermyzel, ein sog. Sklerotium, in dem feine Saugwurzeln des Wirtsbaums mit eingebunden sind, was durchaus einer parasitischen Lebensweise entspricht. Der E. kann dadurch am gleichen Standort über viele Jahre hinweg beobachtet werden. Dieser attraktive Pilz ist die einzige Art seiner Gattung und wird oft zu den **Klapperschwämmen** *Grifola* gezählt, die sich durch große, übereinander stehende, breite, fächerförmige Hüte auszeichnen. Manche Autoren stellen die Art auch zu den **Porlingen** *Polyporus*, die aber sonst durch einstielige, nicht verzweigte Fruchtkörper gekennzeichnet sind.

## Krause Glucke

*Sparassis crispa*

**Die teilweise großen, schwammartigen, rosabräunlichen Pilze fallen am Stammgrund von lebenden Kiefern auf.**

**Fruchtkörper** bis 20 cm hoch, bis 40 cm breit, erinnern an einen groben Naturschwamm. Aus einem oft in der Erde steckenden, weißen Strunk entwickeln sich zahlreiche verzweigte, gekräuselte und eng verflochtene Verästelungen. Die Oberflächen sind glatt, weißrosa bis rosabräunlich gefärbt, die Ränder werden älter braun. **Fleisch** elastisch, wachsartig, cremefarben, Geruch angenehm, Geschmack mild, etwas würzig.

**Speisewert** Essbar, guter Speisepilz. In seinem Inneren verbergen sich aber oft Kleinlebewesen, auch Sand und Nadeln, die nur mit Mühe entfernt werden können.

**Vorkommen** In älteren Kiefernbeständen bis in montane Lagen. Die K. G. ist ein Wurzelparasit und Braunfäuleerreger der Kiefer und kann noch einige Jahre um die Stümpfe herum wachsen.

**Wissenswert!** Von den **Gluckenpilzen** *Sparassis* gibt es nur 2 Arten. Beide sind durch wellig krause oder blattartig flache Strukturen gekennzeichnet, die aus einem gemeinsamen Strunk hervorgehen. Die Sporen bildende Fruchtschicht entwickelt sich jeweils auf der nach unten zeigenden Seite der bandartigen Verästelungen. Beide Arten sind Wurzelparasiten und Erreger der Braunfäule des Holzes. **Spp.** weiß.

**Ähnlich**

Die **Breitblättrige Glucke** *S. brevipes* (= *S. laminosa*, = *S. nemecii*) unterscheidet sich durch blattartige, wellige Äste. Sie besiedelt Laub- und Nadelbäume; **essbar. §**

**Eichhase** Der Gesamtfruchtkörper ist oft recht groß.

**Krause Glucke** wächst immer unter Kiefern

## Schwefelgelbe Koralle

*Ramaria flava*

**Eine kompakte Koralle, für die gelbe Äste, ein weißer Strunk und ein Standort unter Buchen kennzeichnend sind.**

**Fruchtkörper** bis zu 25 cm hoch und 28 cm breit, korallenförmig, jung blumenkohlartig. Aus einem dicken, weißlichen, oben gelben Strunk wachsen bogig etliche dicht stehende, mehrfach verzweigte Äste, mit abgerundeten bis spitzen Astgabeln, die mehrfach verzweigt, stumpf oder gezähnelt enden. Äste blassgelb, hellgelb, grünlichgelb bis zitronengelb, älter verblassen sie zunehmend und werden ockergelblich bis bräunlich. **Fleisch** feucht fest, trocken brüchig, weißlich, feucht marmoriert, in den Ästen gelblich durchgefärbt, Geruch säuerlich herb bis rettichartig, Geschmack mild, in den Astenden bitter.

**Speisewert** Essbar.

**Vorkommen** Mykorrhizapilz in Laubwäldern, unter Buchen auf kalkhaltigen Böden, in submontanen bis montanen Lagen.

**Ähnlich** In montanen Nadelwäldern kommt die **Bergnadelwald-K.** *R. largentii* vor. Ihre Äste sind mehr orangegelb, die Spitzen zitronengelb gefärbt und sie riecht gummiartig nach Autoreifen. Die **Abgestutzte K.** *R. obtusissima* ist identisch mit der Schwefelgelben K. Beide sind **bedingt essbar**.

Der **Klebrige Hörnling** *Calocera viscosa* (kleines Bild), der zu den Gallerttränenverwandten zählt, unterscheidet sich durch seine gallertige, zähe Konsistenz und den bei Feuchtigkeit klebrigen Ästen von den Korallen; **bedingt essbar**.

## Steife Koralle

*Ramaria stricta*

**Die langgestreckten, ockerfarbenen Äste und das Wachstum an Holz sind gute Bestimmungsmerkmale.**

**Fruchtkörper** bis 10 cm hoch, bis 10 cm breit, Strunk schmächtig, eher stielartig, Äste langgestreckt und parallel verzweigt, in einer oder mehreren gegabelten Spitzen endend, gelblich bis ockerfarben, Spitzen gelb, später einfarbig ockerbräunlich, auf Druck schmutzig rotbräunlich verfärbend, Basis durch dicke, weiße Myzelstränge mit dem Substrat verwachsen. **Fleisch** elastisch zäh, hell ockerfarben; Geruch säuerlich bis schwach anisartig, Geschmack bitter.

**Speisewert** Ungenießbar.

**Vorkommen** Auf totem Laubholz, um Strünke, selten auf Kiefernholz.

**Wissenswert!** Die **Korallen** *Ramaria*, über 60 Arten, sind korallenartig verzweigt und entweder blassgelb, kräftig gelb, ockerfarben, rosa, violettlich oder grünlich gefärbt. Viele Korallen sehen sich sehr ähnlich und sind ohne Studium der Mikromerkmale nicht bestimmbar. Viele Arten sind **ungenießbar** bis schwach **giftig**.

**Ähnlich** Die jung weiße, älter cremeockerliche **Elegante Koralle** *R. gracilis* ist kleiner, sehr feinästig, riecht angenehm anisartig und wächst gesellig in moosreichen Nadelwäldern; **ungenießbar**.

**Verwandt** Der **Stinkende Warzenpilz** *Thelephora palmata* (kl. Bild), eine nach faulendem Kohl riechende Lederkoralle, wächst in feuchten Nadelwäldern; **ungenießbar**.

Schwefelgelbe Koralle

**Steife Koralle** Standort beachten!

## Gestielter Schillerporling

*Onnia tomentosa*

**Die einjährigen, braunhütigen Pilze umwachsen oft Pflanzenteile und kleine Zweige, sie sind dadurch nicht so leicht dem Substrat zu entnehmen.**

**Fruchtkörper** in Hut und Stiel gegliedert, oft mehrere Hüte miteinander verwachsen. Einzelhüte bis etwa 10 cm breit, rund bis oval, höckerig wellig, undeutlich gezont, mit rostbraunem Filz überzogen, Rand jung stumpf gerundet, später mehr oder weniger scharfkantig, heller gefärbt. **Poren** herablaufend, scharf abgegrenzt, unregelmäßig eckig bis rundlich, hellgrau, älter graubraun bis rostbraun. **Stiel** bis 5 cm lang, bis 2 cm dick, kurz, konisch, zentral bis exzentrisch, uneben, runzelig, fein filzig, dunkelbraun. **Fleisch** zweischichtig, korkig, sehr zäh, gelbbraun, alt rostbraun.

**Speisewert** Ungenießbar.

**Vorkommen** In Nadelwäldern, in Nadelstreu, parasitisch auf lebenden Baumwurzeln; in submontanen Lagen über 400 m Höhe, dort örtlich häufig. Ein Erreger von Weißfäule.

**Wissenswert!** Einige Autoren stellen die Gattung *Onnia*, die nur aus 3 Arten besteht, zu den **Schillerporlingen** *Inonotus* (⇨ unten).

**Ähnlich** Der **Braune Dauerporling** *Coltricia perennis* unterscheidet sich durch dünne, deutlich konzentrisch gezonte Hüte und eine saprophytische Lebensweise vom Gestielten Schillerporling.

**Bild rechts:** *Junge, noch frische Pilze scheiden manchmal braunrötlich gefärbte, wässrige Tropfen aus.*

**Bild unten:** *Ausgewachsene Exemplare.*

## Tropfender Schillerporling

*Inonotus dryadeus*

**Die samtig braunen Fruchtkörper sitzen meist tief am Baumstamm. Abgebrochen sieht man das gelbbraune bis rotbraune, faserige Fleisch.**

**Fruchtkörper** bis 40 cm breit, knollig rundlich, älter breit konsolenförmig, Oberfläche höckerig grubig, feinfilzig überzogen, älter krustenartig verkahlend, hell orangebraun, später rötlich braun; Randzone stumpf gerundet, gelblich, frische Zuwachskanten mit rotbraunen, bernsteinfarbenen Tropfen besetzt. **Poren** sehr eng, rundlich, weißgrau, silbrig schimmernd, älter bräunlich. **Röhren** 1 bis 2 cm dick, rotbraun, sie entwickelt sich erst spät. **Fleisch** dick, zäh, undeutlich gezont, saftig, älter faserig-korkig verhärtend, rostbraun gefärbt.

**Speisewert** Ungenießbar. §

**Vorkommen** Parasitisch an Laubbäumen, meist Eichen.

**Wissenswert!** Die **Schillerporlinge** *Inonotus*, etwa 14 Arten, meist breit angewachsen, klein bis groß, einjährig, kahl oder haarig-filzig, gelblich oder hell- bis dunkelbraun. Poren meist klein, selten weit, meist silbrig schimmernd, verursachen Weißfäule. **Spp.** creme, gelbbraun bis rostbraun.

**Ähnlich** Ebenfalls an Eichen kommt der äußerlich ähnliche **Eichen-Sch.** *I. dryophilus* vor, dessen Fleisch an der Anwachsstelle einen großen, weißlich marmorierten Myzelkern besitzt; **ungenießbar.** §

*Die bernsteinfarbenen, wässrigen Ausscheidungen sind meist nur an frischen Fruchtkörpern zu sehen.*

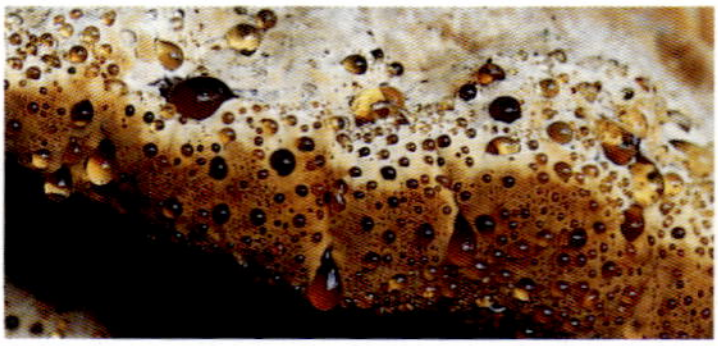

**Gestielter Schillerporling** hier: junger Fruchtkörper

**Tropfender Schillerporling** wächst an Eichen

## Flacher Lackporling

*Ganoderma lipsiense (= G. applanatum)*

**Die Hüte sind älter oft mit rostbraunem Sporenpulver überzogen.**

**Fruchtkörper** bis 40 cm breit, konsolenförmig flach, mit dünner Kruste, wellig-höckerig, hellbraun bis zimtbraun, älter schwarz, brüchig, Zuwachskante weiß. **Poren** eng, rundlich, weißlich, auf Druck bräunend, oft mit zapfenförmig hervorstehenden Insektengallen besetzt; Röhren bei mehrjährigen Fruchtkörpern mehrschichtig.
**Speisewert** Ungenießbar.
**Vorkommen** An Laubholz, seltener auch an Nadelholz.

## Glänzender Lackporling

*Ganoderma lucidum*

**Die langstieligen Pilze fallen durch ihre glänzende, braune Kruste auf.**

**Fruchtkörper** einjährig; meist lang gestielt, mit lackartig glänzender Kruste. **Hut** oval bis nierenförmig, wellig-höckerig, rotbraun, Rand oft gelbbräunlich. **Poren** fein, weißlich; Röhren dünn. **Stiel** meist einseitig angesetzt, dunkelrotbraun.
**Speisewert** Ungenießbar.
**Vorkommen** Meist auf Wurzeln von Eichen.
**Wissenswert! Lackporlinge** *Ganoderma*, etwa 8 Arten, haben Hüte mit dünner Lack- oder Harzkruste; sie erzeugen Weißfäule.

## Birkenporling

*Piptoporus betulinus*

**Dieser Pilz wächst an noch stehenden oder umgefallenen Stämmen.**

**Fruchtkörper** einjährig; konsolenartig, nierenförmig, meist fleischig, mit buckeliger Anwachsstelle, weißlich, graubraun, älter braun, kahl, stumpf, oft rissig. **Poren** fein, weiß; Röhren sehr kurz, weiß. **Fleisch** weich, saftig, alt zäh, weiß; Geschmack bitter.
**Speisewert** Jung bedingt essbar.
**Vorkommen** An Birken; erzeugt Braunfäule.

**Ähnlich** **Eichen-Hautporling** *P. quercinus*, nur an Eichen; selten; **ungenießbar**.

## Echter Zunderschwamm

*Fomes fomentarius*

**Die wellenförmigen Zonen entsprechen Wachstumsperioden.**

**Fruchtkörper** mehrjährig; dick polsterig, hellbraun, älter grau, Zuwachskante weißlich. **Poren** fein, weißgrau, auf Druck fleckend, älter bräunlich; Röhren mehrschichtig. **Fleisch** korkig zähfaserig, bräunlich.
**Speisewert** Ungenießbar.
**Vorkommen** An Laubholz, oft Buche; Weißfäuleerzeuger.

**Ähnlich** **Grauer Feuerschwamm** *Phellinus igniarius*, mit harter Kruste; **ungenießbar**.

## Schwefelporling

*Laetiporus sulphureus*

**Die leuchtend gelborangen, dachziegelartigen Hüte fallen auf.**

**Fruchtkörper** einjährig; flach fächerförmig, oft mehrfach übereinander angeordnet, am Stamm miteinander verwachsen, orange- bis schwefelgelb. **Poren** fein, leuchtend gelb; Röhrenschicht kurz, gelb. **Fleisch** weich, saftig, im Alter aber trocken, mürbe und brüchig, gelb; Geruch aromatisch, Geschmack mild, älter bitter.
**Speisewert** Bedingt essbar, roh giftig.
**Vorkommen** Parasitisch an Laubhölzern, selten an Nadelholz. Braunfäuleerzeuger.

## Gewöhnlicher Wurzelschwamm *Heterobasidion annosum*

**Dieser Pilz ist oft von Algen und Moos überwachsen.**

**Fruchtkörper** mehrjährig; flächig oder konsolenartig angewachsen, wellig, wulstig, kahl bis filzig, konzentrisch gezont, rot- bis graubraun, Zuwachskante wulstig, weiß. **Poren** fein, weiß; Röhren geschichtet, holzfarben, oft am Substrat herablaufend. **Fleisch** zäh, älter hart, weißlich.
**Speisewert** Ungenießbar.
**Vorkommen** Parasitisch und saprophytisch an Nadel-, selten an Laubholz, meist im Wurzelbereich von Fichten. Weißfäuleerzeuger.

Flacher Lackporling

Glänzender Lackporling

Birkenporling

Echter Zunderschwamm

Schwefelporling

Gewöhnlicher Wurzelschwamm

## Angebrannter Rauchporling *Bjerkandera adusta*

**Die Fruchtkörper sind älter an vielen Stellen schwarz gefärbt.**

**Fruchtkörper** flächig (Bild unten) bis konsolenartig, dünn, etwas filzig, bräunlich, Kante weiß. **Poren** fein, rauch- bis aschgrau, bei Berührung schwärzend; Röhren sehr kurz, grau. **Speisewert** Ungenießbar.
**Vorkommen** An Laub-, selten an Nadelholz. Weißfäuleerreger.

**Ähnlich** Der **Graugelbe R.** *B. fumosa* hat graugelbe Poren und Röhren, er wächst meist an toten oder geschädigten Weiden, Pappeln und Ahornen; **ungenießbar**.

## Schmetterlingstramete *Trametes versicolor*

**Die flach konsolenförmigen Pilze fallen durch ihre farbige Zonung auf.**

**Fruchtkörper** flach konsolenartig; dünn, ledrig-zäh, wellig, mehrfarbig gezont (Bild unten), Kante scharf, jung weiß, fein striegelig, älter kahl. **Poren** fein, weißlich bis cremegelb; Röhren kurz, weiß.
**Speisewert** Ungenießbar.
**Vorkommen** An totem Laub-, selten an Nadelholz. Weißfäuleerzeuger.
**Wissenswert!** Die **Trameten**, insgesamt 12 Arten, wachsen ein- bis mehrjährig; Hüte glatt oder behaart, oft gezont, Unterseite meist porig, weißlich.

## Rotrandiger Baumschwamm *Fomitopsis pinicola*

**Dieser sehr häufige Porling ist auch an Buchen, Birken und Erlen zu finden.**

**Fruchtkörper** mehrjährig, bis 40 cm breit, polster- bis konsolenförmig, Oberseite höckerig-runzelig, hartkrustig, klebrig glänzend, mehrfarbig gezont, jung orangegelb bis rotbraun, Zuwachskante weißgelblich, jung oft mit wässrigen Tröpfchen besetzt, älter Kruste grau-schwärzlich. **Poren** eng, rundlich, blassgelb; Röhren deutlich geschichtet. **Fleisch** korkartig zäh, undeutlich gezont; Geruch würzig.
**Speisewert** Ungenießbar.
**Vorkommen** An lebendem und totem Nadelholz, vor allem Fichte. Braunfäuleerreger.

**Ähnlich** Alte, graue Pilze sind manchmal vom **Echten Zunderschwamm** (⇨ S. 164) schwer zu unterscheiden. Hier hilft die Zündprobe: Die Kruste des R. B. schmilzt, die des Zunderschwamms glimmt.

## Eichenwirrling *Daedalea quercina*

**Die labyrinthartige Hutunterseite und der Wuchsort sind gute Kennzeichen.**

**Fruchtkörper** ein- bis mehrjährig, bis 40 cm breit, halbrund bis fast kreisförmig auf Baumscheiben aufsitzend; Anwachsstelle uneben höckerig-runzelig, konzentrisch wellig gezont, hellbraun, älter mehr graubraun, Zuwachskante scharf, weißlich. **Unterseite** grob lamellenartig, an ein Labyrinth erinnernd, blassbeige. **Fleisch** korkig, zäh, hellbraun, schwach gezont.
**Speisewert** Ungenießbar.
**Vorkommen** Saprophytisch oder als Wundparasit an totem Laubholz, gern an Eiche und Edelkastanie. Braunfäuleerreger.

**Ähnlich** Die kleinere **Rötende Tramete** *Daedaleopsis confragosa* hat eine langgezogene porige bis lamellenartige Fruchtschicht; Weißfäuleerreger meist an Weide, Erle und Buche; **ungenießbar**.

Angebrannter Rauchporling

Schmetterlingstramete

Rotrandiger Baumschwamm

Eichenwirrling

## Holunder-Judasohr

*Hirneola auricula-judae*

**Wuchsform, wabbelig-gallertartige Konsistenz und Standort sind typisch.**

**Fruchtkörper** muschel- oder ohrförmig, schüsselartig, gelappt und verdreht, fein flaumig, rot- oder olivbraun, älter oft violettgrau überhaucht. **Fruchtschicht** (Innenseite) glatt, glänzend, oft etwas geadert. **Fleisch** weich, gallertartig, oft madig.
**Speisewert** Essbar.
**Vorkommen** An Schwarzem Holunder, seltener an anderen Laubhölzern, ganzjährig.
**Wissenswert!** Das H. wird auch unter den **Ohrlappenpilzen** *Auricularia* geführt.

## Gallertiger Zitterling

*Pseudohydnum gelatinosum*

**Oft wachsen weiße und braune Fruchtkörper gemeinsam an einem Standort.**

**Fruchtkörper** gallertartig, muschel-, konsolen- bis zungenförmig, fein körnig-samtig, matt, milchweiß, auch braun mit violetten Tönen. **Fruchtschicht** dicht mit 2–4 mm langen, zugespitzten Stacheln besetzt, weiß. **Fleisch** gelatinös, wabbelig, wässrig.
**Speisewert** Bedingt essbar.
**Vorkommen** Saprophytisch, meist büschelig an morschem, feuchtem Nadelholz.
**Wissenswert!** Der G. Z. wird auch **Zitterzahn** oder **Eispilz** genannt.

## Fleischroter Gallerttrichter *Tremiscus helvelloides*

**Die lachsfarbenen Pilze stehen gerne an grasigen Wegrändern in Bergwäldern.**

**Fruchtkörper** gallertartig, zäh bis knorpelig, tüten- oder trompetenförmig, einseitig eingeschnitten, Rand nach außen gebogen, Basis stielartig verschmälert; glatt, feucht glänzend, trocken matt; orangerot. **Fruchtschicht** matt, fein samtig, etwas heller gefärbt. **Fleisch** weich gallertartig; Geschmack kühl, etwas zusammenziehend.
**Speisewert** Bedingt essbar.
**Vorkommen** An morschem, vergrabenem Holz, auf kalkhaltigen Böden.

## Goldgelber Zitterling

*Tremella mesenterica*

**Besonders bei nassem Wetter sind die gelatinösen gelben Pilzchen zu finden.**

**Fruchtkörper** faltig gelappt oder hirnartig gewunden, bisweilen auch polsterförmig, dicht stehend; nass sehr glitschig, glänzend, trocken matt, gelb bis orangegelb. **Fleisch** gelatinös, gallertig.
**Speisewert** Ungenießbar.
**Vorkommen** Saprophytisch auf toten, feuchten Laubholzästen.
**Wissenswert!** Die **Zitterlinge** *Tremella*, 8 Arten, besitzen eine gelatinöse Konsistenz und trocknen hornartig ein. Weißfäuleerreger.

## Rotbrauner Zitterling

*Tremella foliacea*

**Diese breit blattartigen Gallertpilze sind bei feuchter Witterung zu entdecken.**

**Fruchtkörper** dicht zusammenstehend bis büschelig, blattartig, gelappt, wellig verbogen, nass sehr glitschig, glänzend, trockener glatt, gelbbraun bis zimtbraun. **Fleisch** gallertartig weich, wabbelig.
**Speisewert** Ungenießbar.
**Vorkommen** Saprophytisch auf toten Laubholzästen, selten auf Nadelholz.

**Ähnlich** Die **Judasohren** ⇨ oben.

## Becherförmiger Drüsling

*Exidia glandulosa*

**Diese gallertartigen Pilze sind trocken als teerfleckenartige Kruste erkennbar.**

**Fruchtkörper** gehirnartig gewunden, lappig aufgewölbt, oft flächig verschmelzend, Fruchtschicht mit drüsigen Wärzchen, feucht glänzend, flach krustenartig eintrocknend, graubraun bis tiefschwarz. **Fleisch** gallertartig. Speisewert Ungenießb.
**Vorkommen** Saprophytisch auf Laub-, selten Nadelholz.

**Ähnlich** Der **Abgestutzte D.** *E. truncata*.

Holunder-Judasohr

Gallertiger Zitterling

Fleischroter Gallerttrichter

Goldgelber Zitterling

Rotbrauner Zitterling

Becherförmiger Drüsling

## Gewöhnliche Stinkmorchel *Phallus impudicus*

**Fliegen werden von ihrem aasartigen Geruch angelockt und lecken ihre olivgrüne Fruchtschicht oft völlig ab.**

**Hut** bis 5 cm breit, glockenförmig, mit durchbohrter Mitte, Rand frei, mit einer olivgrünen, stinkenden Fruchtmasse (Gleba) überzogen; darunter eine weiße, wabenartige Struktur, die an eine Morchel (⇨ S. 174) erinnert. **Stiel** bis 20 cm hoch, weiß, hohl, Basis in einem gallertigen, weiß umhüllten „Ei" steckend.

**Speisewert** Ungenießbar. Eine Unsitte ist es, die sogenannten Hexeneier auszugraben, durchzuschneiden und den weißen Kern roh zu essen.

**Vorkommen** Humoser Nadel- u. Laubwald.

**Ähnlich** Die rundköpfige **Dünenstinkmorchel** *P. hadriani* wächst aus einem erst weißen, später an der Luft rosa bis lila gefärbten „Ei"; **ungenießbar.**

## Tintenfischpilz

*Clathrus archeri*

**Der aasartige Geruch dieses blumenartig aussehenden Pilzes ist schon aus einiger Entfernung wahrnehmbar.**

Die **Fruchtkörper** entwickeln sich in einem gallertartigen „Ei", ähnlich wie bei der Stinkmorchel. Später platzt dieses Ei auf und es entfalten sich sternförmig 4–6 orangerötliche Arme. Diese sind porös, brüchig und mit einer olivbraunen, aasartig stinkenden Schleimschicht, in der die Sporen eingebettet sind, bedeckt. Wie bei der Stinkmorchel wird diese Schicht von Insekten abgeleckt, die damit für die Vermehrung und Ausbreitung des Pilzes sorgen.

**Speisewert** Ungenießbar.

**Vorkommen** In und außerhalb von Wäldern, gern an wärmebegünstigten Stellen.

**Wissenswert!** Der in Australien heimische und in EU eingeschleppte, blumenartige Pilz wurde um 1914 erstmals in den Vogesen entdeckt und breitet sich seitdem über ganz EU aus.

## Roter Gitterling

*Clathrus ruber*

**Die gitterartige Struktur des Fruchtkörpers beeindruckt – und macht den Pilz unverwechselbar. Nachdem Insekten seine Schleimschicht aufgeleckt haben, zerfällt er rasch.**

**Fruchtkörper** bis 15 cm breit, entwickelt sich aus einem im Boden steckenden, gallertartigen „Ei". Später platzt diese Eihülle auf und es schiebt sich ein kugelförmiges, gitterartiges, weitmaschiges Gebilde heraus. Die Gitterstäbe sind porös, brüchig, außen blass orangerot, innen kräftiger rot gefärbt und mit einer olivbraunen, aasartig stinkenden, zähen Schleimschicht, der Gleba, bedeckt. In dem Schleim sind die Sporen des Pilzes eingebettet.

**Speisewert** Ungenießbar.

**Vorkommen** Saprophytisch in und außerhalb von Wäldern, gern an wärmebegünstigten Stellen. Nördlich der Alpen nur sporadisch vorkommend, südlich der Alpen häufig.

**Wissenswert!** Die Gattung der **Gitterlinge** *Clathrus* umfasst in EU nur 2 Arten, wobei der Tintenfischpilz früher in die Gattung *Anthurus* gestellt wurde. Ihre Fruchtkörper entwickeln sich in einer eiartigen Gesamthülle. Ebenso wie bei der Gew. Stinkmorchel und dem Tintenfischpilz wird die Gleba von Insekten abgeleckt. Die Kerbtiere, insbesondere Fliegen, sorgen auf diese Weise für die Vermehrung und Ausbreitung dieser Pilzarten.

*Die gitterartige Struktur dieses filigranen Pilzes kann bereits an der Eihülle, am „Hexenei", erahnt werden.*

Gewöhnliche Stinkmorchel

Tintenfischpilz

**Roter Gitterling** ist in südlichen Ländern häufig

## Birnenstäubling

*Lycoperdon pyriforme*

**Birnenform, eine feinkörnige Oberfläche und dunkle Mitte sind kennzeichnend.**

**Fruchtkörper** birnenförmig, feinkörnig, weiß, älter bräunlich, Basis mit dicken, weißen Myzelsträngen (kl. Bild). **Fruchtmasse** weich, weiß, reif olivbräunlich, zu Pulver zerfallend; Geruch unangenehm.
**Speisewert** Essbar, solange innen weiß.
**Vorkommen** An Laub- und Nadelholz, auf Stümpfen und Holzhäckseln.

## Flaschenstäubling

*Lycoperdon perlatum*

**Der Pilz erinnert an eine umgedrehte, dickbauchige Flasche.**

**Fruchtkörper** flaschenförmig, mit kleinen, spitzen, abwischbaren Warzen überzogen, weiß, älter graubraun, netzartig gemustert. **Fruchtmasse** weich, jung weiß, reif zu braunem Pulver zerfallend; Geruch angenehm.
**Speisewert** Essbar, solange innen weiß.
**Vorkommen** In Laub- und Nadelwäldern.
**Wissenswert!** Bei den **Stäublingen** *Lycoperdon*, 20 Arten, werden die Sporen im Kopfteil des Fruchtkörpers ausgebildet, der Stielteil ist steril.

## Dickschaliger Kartoffelbovist *Scleroderma citrinum*

**Durchgeschnitten ist die Gleba des jungen Pilzes weiß, älter schwarzviolett.**

**Fruchtkörper** knollenförmig, mit zusammengezogener Basis, felderig-rissig, grobschuppig, zitronengelb, älter bräunlich, dickschalig. **Fruchtmasse** weiß mit violettlichem Ton, später schwarzviolett, fein weiß marmoriert, reif pulverig zerfallend.
**Speisewert** Leicht giftig.
**Vorkommen** MP, gern unter Birken und Kiefern, auf sauren, sandigen Böden.
**Wissenswert!** Die **Hartboviste** *Scleroderma* umfassen 10 knollenförmige Arten.

## Riesenbovist

*Langermannia gigantea*

**Dieser Riese unter den Pilzen wird bis zu 1 m groß und bis zu 25 kg schwer.**

**Fruchtkörper** fast kugelig, weißlich, älter gelbbräunlich. **Fruchtmasse** weiß, später olivbraun, pulverig zerfallend. **Essbar**.
**Vorkommen** In lichten Wäldern und Wiesen.

**Ähnlich** Der **Hasenbovist** *Calvatia utriformis* (kl. Bild) auf trockenen Flächen; jung **essbar**.

## Rötender Erdstern

*Geastrum rufescens*

**Die Außenhülle öffnet sich sternförmig, biegt sich nach unten und gibt den häutigen Sporenbehälter frei.**

**Fruchtkörper** bis 10 cm, außen fleischig, Innenseite rosabraun.
**Speisewert** Ungenießbar, wie alle Erdsterne.
**Vorkommen** Meist in Nadelwäldern.

**Ähnlich** Der **Gewimperte E.** *G. sessile* (kl. Bild) ist kleiner; **ungenießbar**.

## Igelstäubling

*Lycoperdon echinatum*

**In der Reife fallen die Stacheln ab und lassen ein netzartiges Muster zurück.**

**Fruchtkörper** kugelförmig, hellbraun, mit pyramidenförmigen, zusammengesetzten, bis 5 mm lange Stacheln besetzt. **Fruchtmasse** weiß, reif dunkelbraun pulverig zerfallend.
**Speisewert** Ungenießbar.
**Vorkommen** In Laubwäldern, auf Kalkböden.

**Ähnlich** Der **Braune Stäubling** *L. umbrinum* hat kurze Stacheln und wächst unter Fichten, auf sauren Böden; **ungenießbar**.

Birnenstäubling

Flaschenstäubling

Dickschaliger Kartoffelbovist

Riesenbovist wächst auf stickstoffreichen Böden

Rötender Erdstern

Igelstäubling

## Speisemorchel

*Morchella esculenta*

**Die ockergelben Pilze fallen durch ihre wabenartige Struktur auf. Die Rippen sind oft rostfleckig.**

**Fruchtkörper** in Hut und Stiel gegliedert, bis 20 cm hoch. **Hut** rundlich oval, unregelmäßig wabenartig gekammert, ockergelb, Stege häufig rostfleckig. **Stiel** weiß, abwärts oft angeschwollen, etwas runzelig, kleiig, innen hohl. **Fleisch** brüchig.
**Speisewert** Essbar.
**Vorkommen** Oft unter Eschen, in Auwäldern, an grasigen und krautreichen Stellen.

**Ähnlich** Von der S. sind einige Varietäten beschrieben. So ist die meist kleinere **Braune Speisemorchel.** *M. esculenta* var. *umbrina* (kleines Bild) dunkel rotbraun gefärbt mit helleren Rippen; **essbar.**

## Spitzmorchel

*Morchella conica*

**Diese Morchel steht gern in mit Rindenmulch abgedeckten Blumenrabatten.**

**Fruchtkörper** bis 35 cm hoch. **Hut** spitzkegelig, oval, Scheitel spitz bis abgerundet, wabenartig gekammert, Rippen stumpf, senkrecht durchlaufend, mit Stegen waagrecht verbunden, unten mit dem Stiel verwachsen, jung hell graubraun, später olivbraun bis schwarz. **Stiel** weiß, kleiig, unten oft angeschwollen und etwas runzelig, innen hohl. **Fleisch** brüchig, fast geruchlos.
**Speisewert** Essbar.
**Vorkommen** Gern in Fichtenwäldern auf Kalk, an Wegrändern und Holzlagerplätzen.
**Wissenswert!** Die **Morcheln** *Morchella*, insg. 5 Arten, besitzen einen wabenartigen Hut. Alle sind Frühjahrspilze und **essbar.**

**Ähnlich** Bei der **Käppchenmorchel** *M. gigas (= M. semilibera)* sitzt der Hut fingerhutartig auf dem Stiel; **essbar.**

## Frühjahrslorchel

*Gyromitra esculenta*

**Die hirnartig gewundene Struktur ihres Huts (nicht wabenartig!) unterscheidet die F. eindeutig von den Morcheln.**

**Hut** bis 15 cm hoch und breit, unregelmäßig, hirnartig gewunden, jung feucht wachsartig, hellbraun bis rotbräunlich, älter braunschwarz. **Stiel** weiß, etwas kleiig, oft angeschwollen und etwas runzelig, hohl.
**Fleisch** brüchig, fast geruchlos.
**Speisewert** Giftig! Besonders schwere Vergiftungen treten roh oder ungenügend gekocht auf. Die F. enthält Gyromitrin, ein wasserlösliches, flüchtiges Leber- und Nierengift. Die Vergiftungen ähneln einer Knollenblätterpilz-Vergiftung: 6–12 Stunden nach dem Verzehr treten u. a. starkes Erbrechen, Bauch- und Kopfschmerzen, Mattigkeit, Erregungszustände und Krämpfe ein. In schweren Fällen kommt es, in einer zweiten Phase, zu Leber- und Nierenschädigungen.
**Vorkommen** Gerne in sandigen Nadelwäldern, unter Kiefern.

**Wissenswert!** Die **Lorcheln** *Gyromitra*, etwa 14 Arten, sind durch meist gehirnartig gewundene Hüte gekennzeichnet. Speisewert siehe links. Die F. wurde früher irrtümlich **Speiselorchel** genannt.

**Ähnlich** Die **Bischofsmütze** *G. infula* besitzt einen ein- bis mehrzipfeligen Hut mit nur wellig gerunzelter Oberfläche; **giftverdächtig.**
Die **Riesenlorchel** *G. gigas* (kl. Bild) ist in Laub- und Nadelwäldern, gern auf morschem Holz, zu finden; **giftverdächtig.** §

Speisemorchel

Spitzmorchel

**Frühjahrslorchel** ein typischer Frühjahrspilz

## Morchelbecherling

*Disciotis venosa*

**Aufgrund seiner krampfadernartigen Oberfläche ist der M. gut kenntlich. Im Zweifelsfall dient der starke Chlorgeruch als Bestimmungsmerkmal.**

**Fruchtkörper** bis zu 15 cm breit, jung tief schüsselförmig mit eingebogenem Rand, älter flacher, tellerförmig mit unregelmäßig aufgebogenem, welligem Rand. **Fruchtschicht** glatt, typisch aderig durchzogen, Mitte meist faltig-rippig, jung hellbraun, mit oliven Tönen, später dunkelbraun, alt braunschwarz. **Außenseite** stielartig zusammengezogen, fein kleiig, hell wachsbräunlich, trocken fast weiß. **Fleisch** brüchig; Geruch stechend, chlorartig.

**Speisewert** Essbar, aber gut abkochen!

**Vorkommen** Gerne in Auwäldern, auf feuchten, lehmigen oder tonigen Böden, an krautigen Stellen, Wegböschungen, in Gärten unter Obstbäumen und Hecken. Frühjahrspilz.

**Wissenswert!** Die **Morchelbecherlinge** *Disciotis*, 2 Arten, stehen in der engsten Verwandtschaft zu den Morcheln. Der M. ist auch als **Aderiger Becherling** bekannt.

**Ähnlich** Die zweite Art, der nur bis zu 4 cm große **Spezielle M.** *D. maturescens*, ist purpurbraun gefärbt und in EU nur von wenigen Standorten bekannt; **ungenießbar**. Die **Scheibenlorchel** *Gyromitra ancilis* (=*Discina perlata*, kl. Bild), eine häufige Art der Fichten- und Kiefernwälder, wächst im Frühjahr an morschem Holz, auf Stümpfen und Wurzelstöcken; **giftverdächtig**.

## Herbstlorchel

*Helvella crispa*

**Typischer Herbstpilz. An seinem creme bis hellbräunlichen, lappenartigen Hut und dem gefurchten Stiel leicht kenntlich.**

**Fruchtkörper** bis 15 cm hoch. **Hut** aus mehreren unregelmäßig geformten Lappen bestehend, meist nach unten hängend. **Fruchtschicht** glatt, matt, weißlich ocker, grauweiß, Ränder bisweilen bräunlich. **Unterseite** fein flaumig, weißlich. **Stiel** tief längsrippig, quer verbunden, oft gedreht, weißlich. **Fleisch** besonders der Hutlappen brüchig; Geruch unbedeutend, Geschmack mild.

**Speisewert** Bedingt essbar, zumindest gut abkochen (s. a. Frühjahrslorchel ⇨ S. 174)!

**Vorkommen** In Laubwäldern, Parkanlagen und Gärten, gern an grasigen Wegrändern und in der Laubstreu.

**Wissenswert!** Die **Lorcheln** *Helvella*, etwa 30 Arten, grau, braun oder weißlich gefärbt, sind extrem formenreich. Manche besitzen tellerförmige Hüte mit langen, behaarten Stielen, andere sind becherförmig und haben einen sehr kurzen, gerippten Stiel, wieder andere Arten zeigen sattelartige Hüte mit glattem Stiel. Keiner dieser Pilze ist ein Speisepilz.

**Ähnlich** Die **Elastische L.** *H. elastica* ist kleiner, hat einen sattelartigen, milchkaffeefarbenen Hut und einen glatten, weißen Stiel; **bedingt essbar**.

**Verwandt** Die dunkle, grauschwarze **Grubenlorchel** *H. lacunosa* (kl. Bild) wächst an ähnlichen Standorten; **bedingt essbar**.

**Morchelbecherling** ein typischer Frühjahrspilz mit Chlorgeruch

**Herbstlorchel** ein typischer Herbstpilz

## Zinnoberroter Kelchbecherling *Sarcoscypha austriaca*

**Seine leuchtend roten Fruchtkörper sind oft noch von Schnee umgeben.**

**Fruchtkörper** becher- bis schüsselförmig, später flacher, oft lang gestielt. **Fruchtschicht** leuchtend zinnoberrot, matt glänzend. **Außenseite** weißlich rosa, trocken weiß, etwas flockig-körnig. **Speisewert** Kein Speisepilz. **Vorkommen** Auf am Boden liegenden Laubholzästchen, oft von Erlen. Frühjahrspilz.

**Ähnlich** Andere rote K. sind nur durch ihre Ökologie und mikroskopisch unterscheidbar.

## Leuchtender Prachtbecherling *Caloscypha fulgens*

**Dieser Becherling ist im Frühling in moosigen Fichtenwäldern zu finden.**

**Fruchtkörper** tief becher- bis schüsselförmig, später unregelmäßig flacher, kurz gestielt. **Fruchtschicht** matt, leuchtend gelb bis gelborange, älter grünlich fleckig. **Außenseite** blass ockerfarben, trocken schmutzig weißlich, etwas raukörnig.
**Speisewert** Kein Speisepilz.
**Vorkommen** In montanen, feuchten Nadelwäldern, auf Kalkböden.
**Wissenswert!** Der L. P. ist der einzige Vertreter seiner Gattung.

## Violetter Brandbecherling *Peziza moseri (= P. violacea)*

**Der violette, becherförmige Pilz wächst nur auf Brandstellen im Nadelwald.**

**Fruchtkörper** meist tief becherförmig, kaum gestielt. **Fruchtschicht** helllila bis grauviolett oder violettbraun, matt glänzend. **Außenseite** heller, Rand abgestumpft gezähnelt, fein kleiig.
**Speisewert** Kein Speisepilz.
**Vorkommen** Nadelwälder, auf Brandstellen.
**Wissenswert! Becherlinge** *Peziza*, über 80 Arten, meist becherförmig, gelb, bräunlich bis fast schwarz, manchmal violettlich. Viele lassen sich nur mikroskopisch unterscheiden.

## Kurzstieliger Holzbecherling *Peziza micropus*

**Dieser Becherling ist sehr variabel und wächst auch in hohlen Baumstämmen.**

**Fruchtkörper** jung tief schüsselförmig, älter oft flach, Basis kurz gestielt, Rand oft stumpf gezähnelt. **Fruchtschicht** weißlich bis ockerbraun; Außenseite heller, fein kleiig.
**Speisewert** Kein Speisepilz.
**Vorkommen** Auf morschem Laubholz.

**Ähnlich** Der **Buchenwald-Becherling** *P. arvernensis* ist größer und wächst im Frühsommer; **ungenießbar**.

## Gewöhnlicher Orangebecherling *Aleuria aurantia*

**Dieser Becherling mit glattem Rand wächst gerne auf feinkiesigen Wegen.**

**Fruchtkörper** schüsselförmig, oval, verbogen, Rand dünn, glatt, bisweilen eingerissen, stiellos, brüchig. **Fruchtschicht** gelborange bis leuchtend rotorange, feucht glänzend. **Außenseite** heller, feinkörnig.
**Speisewert** Essbar.
**Vorkommen** Auf Erde, an krautigen Stellen.
**Wissenswert** Die **Orangebecherlinge** *Aleuria*, 4 Arten, unterscheiden sich von den ähnlichen **Borstlingen** *Melastizia* durch nicht behaarte Kelchränder.

## Gewöhnlicher Kohlenbecherling *Geopyxis carbonaria*

**Diese gestielten Becherlinge sehen aus wie Pokale mit gesäumten Rändern.**

**Fruchtkörper** tief kelchförmig, meist mit dünnem Stiel. **Fruchtschicht** matt, orangebräunlich bis dunkelbraun, Rand weiß gezähnelt. **Außenseite** gleichfarbig.
**Speisewert** Kein Speisepilz.
**Vorkommen** Meist in Nadelwäldern, auf vorjährigen Brandstellen.

**Ähnlich** Der **Stinkende K.** *G. foetida* riecht ekelerregend, er wächst an kiesigen Stellen.

Zinnoberroter Kelchbecherling

Leuchtender Prachtbecherling

Violetter Brandbecherling

Kurzstieliger Holzbecherling

Gewöhnlicher Orangebecherling

Gewöhnlicher Kohlenbecherling

## Eselsohr

*Otidea onotica*

**Dieser relativ große, gelb bis gelborange Öhrling wächst meist büschelig.**

**Fruchtkörper** bis 10 cm hoch, einseitig geschlitzt, Rand oft eingebogen, Basis zusammengezogen, kurz gestielt, weißfilzig. **Fruchtschicht** glatt, kräftig gelb bis gelborange. **Außenseite** heller getönt.
**Speisewert** Bedingt essbar.
**Vorkommen** In wärmeren Laubwäldern.
**Wissenswert!** Die **Öhrlinge** *Otidea*, über 10 Arten, sind immer einseitig eingeschnitten, gelb bis bräunlich gefärbt. Viele sind schwer bestimmbar, alle sind bedingt essbar.

## Violetter Kronenbecherling *Sarcosphaera coronaria*

**Kräftiger Wuchs und violette Farben kennzeichnen diesen Becherling.**

**Fruchtkörper** jung kugelförmig geschlossen, dann kronenförmig aufbrechend, älter bisweilen fast flach. **Fruchtschicht** violett bis violettbraun. **Außenseite** heller bis weißlich, feinfilzig. **Fleisch** wachsartig, brüchig.
**Speisewert** Giftig! (vgl. Frühjahrslorchel ⇨ S. 174)
**Vorkommen** In Nadel-, seltener in Laubwäldern, oft in Nadelstreu, auf Kalkböden.
**Wissenswert!** In der Gattung gibt es nur diese eine Art. Sie hieß früher *S. crassa*.

## Grüngelbes Gallertkäppchen *Leotia lubrica*

**Das G. wird bisweilen von einem Virus befallen, es verfärbt sich dann grünschwarz.**

**Fruchtkörper** fest gallertartig, in Hut und Stiel gegliedert. **Fruchtschicht** unregelmäßig rundlich, abgeflacht, uneben-buckelig, Rand stark nach unten eingerollt, schmierig-schlüpfrig, gelb, grünlichgelb oder olivbraun. **Stiel** breit in den Hut übergehend, körnig-rau, gelblich.
**Speisewert** Giftig! (vgl. Frühjahrslorchel ⇨ S. 174)
**Vorkommen** An feuchten, grasigen, moosigen Stellen, in Nadelstreu.

## Puppen-Kernkeule

*Cordyceps militaris*

**Der Pilz lebt von Schmetterlinspuppen, die in Erde oder morschem Holz stecken.**

**Fruchtkörper** bis 5 cm hoch, 0,8 cm dick, schmal zungenförmig bis keulig, gestielt, oft gebogen. **Fruchtschicht** orangegelb bis ziegelrötlich, körnig rau.
**Speisewert** Ungenießbar.
**Vorkommen** Auf Schmetterlingspuppen.
**Wissenswert!** Die **Kernkeulen** *Cordyceps*, 10 Arten, leben von Insekten und Larven oder parasitieren auf anderen Pilzen, wie die schwarze **Zungen-K.** *C. ophioglossoides*, die auf Hirschtrüffeln wächst; ungenießbar.

## Gewöhnliche Holzkeule

*Xylaria hypoxylon*

**Die markant gefärbte G. W. wächst oft in großer Zahl auf Baumscheiben.**

**Fruchtkörper** langgezogen bis geweihartig verzweigt (kl. Bild), flachgedrückt, zäh. **Fruchtschicht** warzig rau, durch Sporen dicht grauweißlich bepudert, abwärts steril, schwarz. **Fleisch** weiß.
**Speisewert** Ungenießbar.
**Vorkommen** An Laub-, selten Nadelholz.
**Wissenswert!** Es gibt 7 **Holzkeulen** *Xylaria*.

## Rötliche Kohlenbeere

*Hypoxylon fragiforme*

**Die kohlig-harten Pilze sind innen und außen gleichfarben.**

**Fruchtkörper** bis 1 cm breit, halbkugelig, rundlich, ziegelrötlich bis rotbraun, älter braun bis schwarz, warzig rau.
**Speisewert** Ungenießbar.
**Vorkommen** Auf totem, meist berindetem Laubholz, besonders von Buche.
**Wissenswert!** Die **Holzkeulen** und **Kohlenbeeren** sind mit winzigen, warzigen Fruchtlagern besetzt. In ihnen befinden sich unzählige Schläuche mit den Sporen, die durch eine kanalartige Öffnung entweichen.

Eselsohr

Violetter Kronenbecherling ☠

Grüngelbes Gallertkäppchen ☠

Puppen-Kernkeule

Gewöhnliche Holzkeule

Rötliche Kohlenbeere

## Sommertrüffel

*Tuber aestivum*

**Die schwarzen, bewarzten Knollen sind nur schwer zu entdecken und schauen nur manchmal ein wenig aus der Erde.**

**Fruchtkörper** bis etwa 10 cm groß, unregelmäßig kugelig oder knollig, dicht mit 5- bis 6-eckigen, pyramidenförmigen Warzen bedeckt, dunkelbraun bis schwarzbraun. **Fruchtschicht** (innen) bräunlich, mit weißen Adern wie marmoriert durchzogen. **Geruch** jung kaum wahrnehmbar, älter zunehmend aromatisch, oft unangenehm stechend. **Geschmack** mild, schwach nussartig.

**Speisewert** Essbar.

**Vorkommen** Mykorrhizapilz wärmebegünstigter Laubwälder, auf Kalk, vorzugsweise unter Eichen, Buchen, Hainbuchen und Hasel; unterirdisch (hypogäisch) wachsend.

**Wissenswert!** Die S. gehört zu den Trüffeln, die auch nördlich der Alpen vorkommen. Sie strömen erst kurz vor der Sporenreife einen intensiven Geruch aus, der z. B. von Wildschweinen wahrgenommen wird. Diese graben sie aus, verspeisen sie und tragen so durch ihre Magen-Darmpassage zur Sporenverbreitung bei.

Besonders in Italien werden diese Pilze teuer gehandelt und oft unwissenden Käufern als echte **Schwarze Trüffeln** oder **Perigordtrüffeln** *T. melanosporum* angeboten. Diese Trüffeln sind äußerlich der S. sehr ähnlich, innen aber tiefschwarz und weiß marmoriert.

Zu den **Trüffeln** der Gattung *Tuber* zählen etwa 30 Arten. Sie sind knollenartig, glatt bis grobwarzig, hellbraun bis schwarz und innen typisch labyrinthisch marmoriert. Alle sind Mykorrhizapilze.

**Ähnlich** Die **Mäandertrüffel** *Choiromyces maeandriformis* gehört zu einer verwandten Gattung. Sie ist außen glatt und schmutzig lehmfarben, innen cremeweiß, marmoriert und wächst unter Nadel- und Laubbäumen auf Lehmböden; **essbar**.

## Gelbe Lohblüte, Hexenbutter

*Fuligo septica*

**Diese merkwürdige, unübersehbare gelbe Erscheinung ist ein sogenannter Schleimpilz (⇨ Wissenswert!).**

**Fruchtkörper** erst schleimig-schaumig, sich flächig ausdehnend, kräftig gelb bis zitronengelb, Randzone weißfaserig erscheinend; älter und reif kissenförmig, fest, von einer kalkigen, brüchigen, schmutzig weißen bis grauen Kruste umgeben. **Sporenmasse** pulverig, hell lilabraun bis schwarzbraun.

**Speisewert** Ungenießbar.

**Vorkommen** An totem, feuchtem Laub- und Nadelholz, auf Baumstümpfen.

**Wissenswert!** Die **Schleimpilze** *Myxomycetes*, zu denen die Lohblüte zählt, umfassen nach heutigem Stand weit über 500 Arten. Diese Organismen bilden eine eigene systematische Abteilung. Das schleimige Gebilde, das wir beobachten können, wird auch Plasmodium genannt und stellt im Wachstumszyklus des Schleimpilzes das vegetative Vermehrungsstadium dar. Es handelt sich um eine weitgehend formlose Masse aus Protoplasma, die man am ehesten mit einem einzelligen Lebewesen, etwa einer Amöbe, vergleichen kann. Diese Masse vermag sich auf dem Substrat fortzubewegen und ernährt sich dabei von Mikroorganismen. Erst in einem späteren, komplizierten Reifestadium verfestigt sich das Plasmodium, um Sporen zu bilden.

**Verwandt** Die rosafarbene Plasmamasse des **Blutmilchpilzes** *Lycogala epidendron* ist von einer dünnen Haut umgeben. Später verfestigt sie sich und wird unscheinbar grau; **ungenießbar**.

**Sommertrüffel** Verwechslung mit der Perigordtrüffel möglilch

**Gelbe Lohblüte, Hexenbutter** Schleimpilz

# Artenverzeichnis

**S**

## Die Autoren

Helmut und Renate Grünert, beide geprüfte Pilzsachverständige der Deutschen Gesellschaft für Mykologie e. V. Seit vielen Jahren geben sie ihr Wissen und ihre Erfahrung zum Themenkreis Pilze durch Vorträge, Kurse, Sendungen, Buch-Veröffentlichungen und praktische Arbeit in öffentlichen Beratungsstellen weiter.

## Der Herausgeber

Gunter Steinbach (†), geboren 1938, studierte bildende Künste in Hamburg und war Jahrzehnte im Verlagswesen tätig. Zuletzt lebte er auf seinem Einödhof im Allgäu, wo er sich praktisch und publizistisch der heimischen Natur widmete.

## Bildquellen

Die Fotos erstellte Helmut Grünert, mit Ausnahme der folgenden: Reinhard Agerer: 7, Renato Bortzu: 95 u., 103 o., Imagepoint.brz / McPHOTO-Online: Titelfoto 1. Die Grafiken stammen von Sabine Seifert (vordere Umschlaginnenseite oben), Steffen Walentowitz (10–13) und Fritz Wendler (†) (8, 9, 14).

## Giftnotruf

Die meisten Städte haben Giftnotrufe, die unter **19240** Tag und Nacht erreichbar sind. Zusätzlich gibt es fast in jedem Klinikum einen Giftnotruf. Diese Nummern stehen im Telefonbuch auf den ersten Seiten.
Bei den ersten Anzeichen einer Pilzvergiftung muss sofort ein Arzt zu Rate gezogen werden!

**Haftungsausschluss** Die in diesem Buch enthaltenen Empfehlungen und Angaben sind vom Autor mit größter Sorgfalt zusammengestellt und geprüft worden. Eine Garantie für die Richtigkeit der Angaben kann aber nicht gegeben werden. Autor und Verlag übernehmen keinerlei Haftung für Schäden und Unfälle.

**Bibliografische Information der Deutschen Nationalbibliothek**
Die Deutsche Nationalbibliothek verzeichnet diese Publikation in der Deutschen Nationalbibliografie; detaillierte bibliografische Daten sind im Internet über http://dnb.d-nb.de abrufbar.



2. Auflage

Wollgrasweg 41, 70599 Stuttgart (Hohenheim)
Email: info@ulmer.de
Internet: www.ulmer.de
Umschlagentwurf: Summerer/Thiele, Stuttgart
Lektorat: Dr. Helga Hofmann, Ina Vetter, Christine Schneider
Herstellung: Silke Reuter
XML-Workflow und Satz: pagina GmbH, Tübingen
Druck und Bindung: Offizin Andersen Nexö, Zwenkau
Printed in Germany

**ISBN 978-3-8001-5655-9**